国家"十二五"重点图书出版规划项目
城市科学发展丛书
本成果受到中国人民大学"统筹支持一流大学和一流
学科建设"经费的支持

城市发展阶段与阶段性空间结构模式

郑国/著

中国建筑工业出版社

图书在版编目（CIP）数据

城市发展阶段与阶段性空间结构模式／郑国著 . —北京：中国建筑工业出版社，2016.6
（城市科学发展丛书）
ISBN 978-7-112-19306-6

Ⅰ.①城…　Ⅱ.①郑…　Ⅲ.①城市空间—空间结构—结构模式—发展—研究　Ⅳ.①TU984.11

中国版本图书馆CIP数据核字（2016）第064446号

责任编辑：焦　扬
责任校对：李欣慰　焦　乐

城市科学发展丛书
城市发展阶段与阶段性空间结构模式
郑国　著
*
中国建筑工业出版社出版、发行（北京海淀三里河路9号）
各地新华书店、建筑书店经销
北京京点图文设计有限公司制版
北京中科印刷有限公司印刷
*
开本：787×1092 毫米　1/16　印张：8　字数：157 千字
2017 年 1 月第一版　2017 年 1 月第一次印刷
定价：36.00 元
ISBN 978-7-112-19306-6
　　　（28521）

前　言

　　辩证唯物主义认为：世界是物质的，物质是运动的，时间和空间是运动着的物质的存在形式。万事万物都是随着时间的推移而不断变化，都有自己的生命周期和诞生、发展（存在）、消亡（再生）的发展阶段。不同事物，由于其自身运动规律不同，发展阶段的表现形式存在巨大的差异。

　　城市也是时间和空间的统一。在时间维度上，城市是随时间发展而不断演进的客观存在，具有显著的阶段性特征。城市空间结构是城市社会经济活动的空间映射，城市发展的阶段性也决定了城市空间结构具有这一特性。处于不同阶段的城市，其空间发展的动力机制、面临的主要问题和矛盾、发展的路径是不一样的，空间发展模式和规划范式也具有显著差异。

　　虽然城市发展的阶段性思想已经被广泛接受，但是我们过去的理论研究和建设实践都明显存在"重空间，轻时间"的现象：有关城市空间研究的成果已经非常丰富，"因地制宜"已经成为城市规划和建设的一条重要原则。但是，在时间维度上的研究比较薄弱，"因时制宜"也没有受到应有的重视。因此很多城市都进行了远远超越当前发展阶段的"大开发"和"大发展"，在城市空间开发中盲目求快求大，盲目追求高标准、高起点和跨越式发展。其结果是不仅造成城市空间结构混乱、资金和土地极大浪费、生态环境被严重破坏，更重要的是这场运动由于违背了城市发展的客观规律，人为地促进了城市的早熟，这必然会影响到城市未来持续健康发展，也因而会影响到中华民族的美好前程。由于缺少理论支撑，我们的城市研究者、城市规划师和管理者面对这一问题时显得很无奈和无所适从。

　　受国家自然科学基金青年项目"基于主导要素演替的城市发展阶段与阶段性空间模式研究（41001104）"和中国人民大学"统筹支持一流大学和一流学科建设"项目的支持，本书以波特的国家发展阶段理论为借鉴，从推动城市发展的主导要素入手，根据主导要素的演替规律提出城市发展阶段理论和对应的划分标准，明确主导要素对城市空间结构的影响机制和不同发展阶段城市的空间结构模式与规划范式。以此为城市研究的"时间转向"和时间—空间关联研究做出积极贡献，并为"因时制宜"的城市规划和建设提供理论支撑。

　　全书包括五章，各章主要内容如下：

　　第一章是城市生命周期和发展阶段的理论综述。回顾了城市发展阶段理论的演进脉络，对城市邻里、单一职能城市和综合性城市发展阶段的研究成果进行了总结，指出目前关于城市发展阶段的理论研究远比不上生命周期思想在其他学科中的发展，既有的理论研究成果对城市研究和城市规划尚未做出突破性贡献。

第二章引入波特国家发展阶段的理论框架，将其理论区域化和城市化，阐述要素主导、资本主导和创新主导三个阶段城市主要要素演替的逻辑及其对应的城市发展逻辑。

　　第三章系统分析了自然资源主导下城市的发展、空间形态和规划范式。农业主导下的城市，城市发展的动力来自农业经济与乡土文化，城市的主导职能是社会治理的空间载体和工具，城市规模长期稳定，城市空间型制基于早期农耕制度，权力机构支配着城市空间格局的演进，城市规划的核心目标是营国治野，以帮助统治者获取并巩固权力。矿产资源主导的城市，矿产资源开发状况主导了矿业城市的兴衰，城市的基本职能是资源采掘管理服务与加工，城市初期空间结构分散，后期一般形成双核心结构，城市规划服务于资源开发。

　　第四章以新马克思主义为指导，研究了资本主导阶段的城市发展、空间形态和规划机制。以深圳为例，阐述了从农业主导的城市向资本主导的城市发展机制的演进以及对应的空间和规划的变化；以抚顺为例，阐述了从矿产资源主导的城市向资本主导的城市发展机制的演进以及对应的空间和规划的变化；以北京丽泽金融商务区为例，阐述了社会主义市场经济体制下，资本对城市空间的作用机制。

　　第五章分析了创新推动下城市空间结构的演变趋势及创新推动型区域的规划范式。重点以深圳和北京昌平区为例，分析了城市空间的变化和规划的转型。并从社会资本的视角阐述了科技园区的规划对策，为创新型城市规划提供新的思路。

　　本人指导的研究生陶方飏和刘泓参与了本课题的研究，并分别做了题为"资本驱动下的城市空间形成机制——以北京丽泽金融商务区为例"和"抚顺城市主导要素演替与规划转型研究"的硕士论文，她们的部分研究成果已经整理入本书，对她们在研究过程中付出的辛勤工作表示感谢。

目　录

第一章
城市生命周期理论研究综述

时间和空间是事物存在的基本条件，万事万物都是随着时间的推移而不断变化的，都存在诞生、发展（存在）、消亡（再生）的生命周期和发展阶段。不同的事物，由于其自身运动规律不同，生命周期和发展阶段的表现形式也存在巨大的差异。城市也是一个随时间发展而不断演化的客观存在，其演化过程同样表现出明显的阶段性特征。城市发展阶段理论不仅是有关城市发展、演化和可持续发展研究中最重要的思想支撑，也是城市更新、城市转型、城市空间和城市体系等研究领域的重要思想依据[①]。本章旨在对这一理论进行系统梳理，总结成就，指出不足，并对未来的研究提出展望。

1.1　城市发展阶段理论溯源

有关城市发展阶段的论述至少可追溯到 20 世纪初，其理论渊源在于生物进化论。达尔文（C.R. Darwin）1837 年开始提出生物进化论，逐步揭示和阐明了生物进化规律。达尔文认为，生物之间存在着生存争斗，适应者生存下来，不适者则被淘汰，这就是自然的选择。生物正是通过遗传、变异和自然选择，从低级到高级，从简单到复杂，种类由少到多地进化着、发展着。19 世纪中叶，英国哲学家斯宾塞（H. Spencer）认为进化的规律是事物的普遍规律，他将生物进化论引入社会研究，开创了社会进化论，进化论由此被广泛引用到非生物体和各种社会现象的研究中。斯宾塞认为，上至天体的形成，下至物种和人种的起源，宇宙间的一切事物都受进化论规律的支配。社会领域同样受此规律支配，也遵循"物竞天择、优胜劣汰、适者生存"的自然法则。同时，他认为社会进化是阶段性的，每一个阶段必然影响到下一个更高级的阶段。

苏格兰生物学家盖迪斯（P. Geddes）在 20 世纪初把进化论和生态学原理应用于城市研究中，并于 1915 年出版了《进化中的城市》（Cities in Evolution）一书。该书被誉为西方近现代城市规划史上的一本经典著作，与霍华德（E.Howard）的《明日的田园城市》和柯布西耶（L.Corbusier）的《明日之城市》并列为深刻影响现代城市规划理论起源的三本城市规划名著。在这本书中，盖迪斯明确提出了城市的生命周期思想和城市进化的概念，其自身也从生物学家转变为一位人文主义规划大师和西方区域规划的创始人。

在以上思想和 20 世纪初在美国兴起的生态学研究的影响下，1924 年美国社会生态学家麦肯齐（R.McKenzie）尝试把生态学生命周期思想运用于人类群落的研究，

---

① Roberts S.Critical Evaluation of the City Life Cycle Idea[J].Urban Geography, 1991, 12: 431-451.

分析了城市作为"生态进程"发展的诸种阶段以及各个阶段的表现[1]。佩里（C.Perry）将邻里看作一个细胞，认为每一个邻里都是一个生命有机体，因此它也具有自己的生命周期和发展阶段。1938年芒福德（L.Mumford）的著作《城市文化》（The Culture of Cities）中也有着鲜明的周期性和阶段性思想。他指出，城市的诞生、演变和消亡的历史循环反映了人类文明的演进过程。

但总体来看，1950年代以前有关城市发展阶段的研究成果并不多，这些研究成果的意义主要是提出了城市具有生命周期和发展阶段这一思想、概念与命题，真正的专门研究尚未出现。

1.2　城市发展阶段理论研究进展

1950年代以后，有关城市发展阶段的研究在西方发达国家逐渐增多，西方学者从不同层次、不同角度对城市发展阶段进行了探讨，本文将其分为城市邻里、单一职能城市、综合性城市三个方面进行论述。

1.2.1　邻里发展阶段研究

邻里是西方城市研究的热点，西方学者从种族构成、家庭结构、建筑状况、人口增减等角度将邻里划分为不同的发展阶段，具有代表性并得到广泛应用的研究成果主要有美国 Home Owners' Loan Corp.[2]、Hoover 和 Veron（1959）[3]、美国 Real Estate Research Corporation（1975）[4] 的划分方案（表 1-1）。

在经历 1960 年代严重的城市问题后，美国的城市研究者和相关政府部门更加重视邻里发展阶段理论在城市更新、房屋信贷、公共财政支出等方面的作用，邻里发展阶段论已经成为相关政策制定和城市研究中的一个基础理论。在中国，由于特殊的国情和发展历程的差异，关于邻里或社区的研究还处于起步阶段，目前对于邻里发展阶段的研究还是一片空白。

---

① 丁鸿富.社会生态学[M].杭州:浙江教育出版社，1987.

② John T. M. Planned Abandonment: The Neighborhood Life-Cycle Theory and National Urban Policy[J].Housing Policy Debate, 2000, 11:1479–1496.

③ Hoover E. M., Raymond V. Anatomy of a Metropolis: The Changing Distribution of People and Jobs within the New York Metropolitan Region [M].Cambridge: Harvard University Press, 1959.

④ Real Estate Research Corporation. The Dynamics of Neighborhood Change[R]. Washington, DC: U.S. Department of Housing and Urban Development, Office of Policy Development and Research, 1975.

具有代表性的邻里发展阶段划分方案　　　　　　表 1-1

	美国 Home Owners' Loan Corp.	E.M. Hoover 和 R.Vernon	美国 Real Estate Research Corporation
第一阶段	新建成阶段	以独户住宅为主的阶段	健康发展阶段：以均质性的住房和中高收入群体为主，有保障和稳定的资金投入
第二阶段	正常使用阶段	以高密度公寓为主的阶段	开始下降阶段：住房老化，收入和教育水平下降，中等收入的少数民族广泛进入
第三阶段	老化阶段	少数民族大量进入阶段	明显下降阶段：更高的密度，显著的恶化，白种人进入减少，学校中少数民族比重增加，以租房为主体，保障和资金面临着问题
第四阶段	恶化阶段	人口总数下降阶段	加速下降阶段：空置率增加，低收入和少数民族的租房者为主体，高失业率，缺少稳定的资金投入，公共服务下降，无主财产较多
第五阶段	贫民窟阶段	邻里更新阶段	废弃阶段：严重荒废，穷人和无所事事者为主体，高犯罪率和高失火率，房屋净收益为负

资料来源：根据相关研究成果整理。

1.2.2　单一职能城市发展阶段研究

单一职能城市是指城市的基本职能仅有一项，在一定地域内经济社会发展中仅仅承担某一方面的专业化分工。常见的单一职能城市主要有单一产业的加工业城市、资源型城市、纯粹的政治中心、旅游城市等。这些城市依靠某一类职能的兴起而发展，也必将因这一职能的弱化而衰落。单一的基本职能是这类城市发展的根本原因和直接动力，决定了城市的生命周期和发展阶段。资源型城市是典型的单一职能城市，相关研究成果非常丰富，研究成果已经广泛应用于资源型城市规划建设实践中。

1.2.3　综合性城市发展阶段研究

单一职能城市只是特例，综合性才是城市的一般特征，但对于综合性城市发展阶段的刻画非常困难。目前比较成熟的城市发展阶段理论是由霍尔（P.Hall）根据大都市中心区与郊区间聚集和扩散的比较，把城市发展演变过程分成五个阶段：①绝对集中阶段。郊区人口向城市中心区聚集，使城市中心区人口高速增长。②相对集中阶段。中心区和郊区人口同时增长，但向心聚集增长高于离心扩散增长。③相对分散化阶段。郊区人口增长高于中心区，离心扩散占据主导。④绝对分散阶段。中心区人口负增长，离心扩散明显。⑤流失的分散阶段。中心区出现"空心化"，人口流向郊区及非都市区,进入严重的郊区化及逆城市化阶段[①]。这一理论已经被许多学者广泛接受,在城市研究中被经常引用。

除此之外,国内外学者从不同角度对综合性城市发展阶段进行了尝试。如诺顿(R.D Norton)从产业生命周期对城市发展阶段影响入手,根据人口变化、就业结构、市区和郊区社会经济差异等指标将美国最大的 30 个城市分为成熟阶段、多变阶段和青年阶段[②]。他还和瑞(J.Rees)合作从产品生命周期的角度和宏观经济波动角度对城市发展阶段研究进行了尝试[③]。伯利兹(E.Brezis)和克鲁格曼(P.Krugman)1997 年从技术变迁角度分析了城市生命周期的嬗变,他们认为当发生重要的技术变革时,传统的发达城市由于存在路径依赖而对新技术反应迟钝,而那些新的城市会依靠廉价的土地和劳动力积极发展新技术,当新技术发展成熟时,这些新城市也就会取代原先的发达城市[④]。系统动力学创始人福莱斯特提出"都市动力学模式",试图运用复杂性科学的研究方法来刻画城市的发展阶段[⑤]。我国学者叶齐茂也应用这一思想提出了城市的系统进化与周期律[⑥]。叶裕民提出应根据城市主导产业的更替来划分城市发展阶段,认为城市伴随着一轮主导产业上升期、成熟期和衰退期而呈现出同样的发展轨迹,每一轮主导产业的兴起与更替都主导着城市的一个生命周期[⑦]。

总体来看,对于综合性城市而言,城市发展阶段思想已经被各国学者广泛接受。但由于城市本身的综合性、开放性和复杂性,目前关于综合性城市发展阶段的理论研究非常薄弱,可以用来直接指导实践的理论几乎没有。但作为不可回避的一维,时间维总会在城市研究和规划建设实践中涉及。在实际工作中,我国学者更多的是利用以下两个方法来刻画城市发展阶段:

一是根据人类社会发展阶段确定城市发展阶段。在对人类社会发展阶段的划分中,目前最重要的是贝尔(D.Bell)1973 年在其《后工业社会的来临》一书中提出的划分方案。在该书中,贝尔在马克思主义社会发展观的基础上,以生产力的发展水平为中轴,将人类社会的发展划分为前工业社会、工业社会和后工业社会三个发展阶段。前工业社会由于受土地和资源方面的限制,社会发展的中轴主要是考虑怎么解决这样的自然限制矛盾。在工业社会,更加强调个人发展、投资与国家权力,在这个阶段经济发展成为了整个社会发展的中轴。但在后工业社会,社会的发展已进入了更加依赖促进生产力的发展进步的"知识经济"时代,因此"知识"显然是

① Hall P., Hay D. Growth Centres in the European Urban System[M]. Berkeley:University of California Press, 1980.

② Norton R.D. City life-Cycles and American Urban Policy[M]. New York: Academic Press, 1979.

③ Norton R.D., Rees J. The Product Cycle and Spatial Decentralization of American Manufacturing[J]. Regional Studies, 1979:141-152.

④ Brezis E., Krugman P. Technology and the Life Cycle of Cities [J]. Journal of Economic Growth, 1997, 2: 369 - 383.

⑤ (美)福莱斯特. 系统工程[M].北京:清华大学出版社,1986.

⑥ 叶齐茂. 城市的系统进化与周期律[J]. 城市问题,1993(3):12-15.

⑦ 叶裕民等.深圳现代产业体系与现代制造业布局研究[Z](研究报告未出版).

后工业社会主义的中轴①。在城市研究中也据此将城市分为农业社会的城市、工业社会的城市和后工业社会的城市三个生命周期类型，一个城市经历了一个生命周期后，有可能进入下一个生命周期。在各个生命周期内，城市也并非匀速发展的，可分为不同的发展阶段，在有些阶段会以超常的速度快速发展，而有些时候发展非常缓慢甚至处于停滞和衰落状态。

何一民重点分析了农业社会城市的发展阶段。他认为农业社会城市发展的主要动力是农业经济的发展水平，同时也深受政治、军事和文化的制约。在中国传统的农业社会，城市的发展与它所赖以生存的落后农业之间的矛盾是不可调和的（图1-1）。城市由于农村经济剩余的增加而快速发展，当达到 A 点时，农村提供的剩余开始减少，城市发展速度放缓。到 B 点时，矛盾尖锐而引发战争导致城市破坏，这样就完成了农业社会城市发展的一个周期②。总的来看,农业社会的城市发展一直是在低水平上进行重复。而对于工业城市和后工业社会的城市，目前还没有类似成熟的研究。

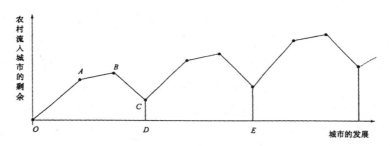

图 1-1　农业社会城市生命周期与发展阶段示意图
（资料来源：何一民．近代中国衰落城市研究 [M]．成都：巴蜀书社，2007：73）

二是利用区域经济发展阶段刻画城市发展阶段。区域是城市发展的背景和基础，由于区域经济发展阶段理论相对成熟，因此在城市研究特别是我国城市规划实践中，学者和规划师更习惯于根据区域经济发展阶段刻画城市发展阶段，目前主要的区域发展阶段理论如表 1-2 所示。

主要的区域经济发展阶段理论　　　　　　　　　　　　　　表 1-2

提出者	时间	理论依据	区域发展阶段
胡佛（E.M.Hoover）和费希尔 (J.Fisher)	1949 年	产业结构和制度背景	自给自足经济阶段、乡村工业崛起阶段、农业生产结构转换阶段、工业化阶段、服务业输出阶段

① （美）丹尼尔·贝尔著．后工业社会的来临——对社会预测的一项探索[M]．高铦等译．北京:新华出版社，1997.
② 何一民．近代中国衰落城市研究[M].成都：巴蜀书社，2007.

提出者	时间	理论依据	区域发展阶段
罗斯托 (W. W.Rostow)	1960 年	主导产业、制造业结构和人类追求目标	传统社会阶段、准备起飞阶段、起飞阶段、走向成熟阶段、大众消费阶段、超越大众消费阶段
弗里德曼 (J. Friedman)	1966 年	核心—边缘理论	工业化过程以前资源配置时期、核心边缘区时期、工业化成熟时期、空间经济一体化时期
钱纳里（H.B Chenery）	1986 年	人均 GDP	农业经济阶段、工业化阶段、发达经济阶段，其中工业化阶段又分为工业化初期、中期和后期

资料来源：根据相关理论整理。

主要的区域发展阶段理论详解如下。

1. 胡佛—费希尔的区域经济增长阶段理论

该理论是指美国区域经济学家胡佛 (E.M.Hoover) 与费希尔 (J.Fisher) 在 1949 年发表的《区域经济增长研究》一文中提出的区域经济发展阶段理论，该理论指出任何区域的经济增长都存在"标准阶段次序"，经历大体相同的过程，具体有以下五个阶段：①自给自足阶段。在这个阶段，经济活动以农业为主，区域之间缺少经济交流，区域经济呈现出较大的封闭性，各种经济活动在空间上呈散布状态。②乡村工业崛起阶段。随着农业和贸易的发展，乡村工业开始兴起并在区域经济增长中起着积极的作用。由于乡村工业是以农产品、农业剩余劳动力和农村市场为基础发展起来的，故主要集中分布在农业发展水平相对比较高的地方。③农业生产结构转换阶段。在这个阶段，农业生产方式开始发生变化，逐步由粗放型向集约型和专业化方向转化，区域之间的贸易和经济往来也不断地扩大。④工业化阶段。以矿业和制造业为先导，区域工业兴起并逐渐成为推动区域经济增长的主导力量。一般情况下，最先发展起来的是以农副产品为原料的食品加工、木材加工和纺织等行业，随后是以工业原料为主的冶炼、石油加工、机械制造、化学工业。⑤服务业输出阶段。在这个阶段，服务业快速发展，服务的输出逐渐成了推动区域经济增长的重要动力。这时，拉动区域经济继续增长的因素主要是资本、技术，以及专业性服务的输出[①]。

2. 罗斯托的经济成长阶段理论

1960 年，美国经济学家罗斯托（W.W. Rostow）提出了他的"经济成长阶段论"，他将一个国家的经济发展过程分为五个阶段，1971 年他在《政治和成长阶段》中增加了第六个阶段。

（1）传统社会阶段。传统社会是在生产功能有限的情况下发展起来的，是围绕生存而展开的经济，而且通常都是封闭或者孤立的经济，生产活动中采用的技术是

---

① 李小建等. 经济地理学[M]. 北京：高等教育出版社，1999.

牛顿时代以前的技术，看待物质世界的方式也是牛顿时代以前的方式，社会似乎对现代化毫无兴趣。非洲撒哈拉沙漠地区的一些国家至今还处在这一发展阶段。

（2）准备起飞阶段。这一阶段是摆脱贫穷落后走向繁荣富强的准备阶段，它的特征是社会开始考虑经济改革的问题，希望通过现代化来增强国力并改善人民的生活。这一阶段的一个重要任务是经济体制改革，为发展创造条件。这一阶段的主导产业则通常是第一产业或者劳动密集型的制造业，这一阶段要解决的关键难题是获得发展所需要的资金。

（3）起飞阶段。这是经济由落后阶段向先进阶段的过渡时期。罗斯托认为，经济起飞必须具备四个条件：生产性投资率提高，占国民收入的比例提高到10%以上；经济中出现一个或几个具有很高成长率的领先部门；发明和革新十分活跃，生产过程吸收了科学技术所蕴藏的力量；适宜的政治、社会以及文化风俗环境。在起飞阶段，随着农业劳动生产率的提高，大量的劳动力从第一产业转移到制造业，外国投资明显增加，以一些快速成长的产业为基础，国家出现了若干区域性的增长极。起飞阶段完成的标志是国家在国际贸易中的比较优势从农业出口转向了劳动密集型产品的出口，开始出口大量的服装、鞋、玩具、小工艺品和标准化的家电产品。一些主要资本主义国家经历起飞阶段的时期如下：英国1783~1802年，法国1830~1860年，美国1843~1860年，德国1850~1873年，日本1878~1900年。中国则在1977~1987年间实现了起飞。

（4）走向成熟阶段。这是指一个社会已把现代化的技术有效地应用到了它的大部分产业的时期。在这一阶段，国家的产业以及出口的产品开始多样化，高附加值的出口产业不断增多，厂家和消费者热衷新的技术和产品，投资的重点从劳动密集型产业转向了资本密集型产业，国民福利、交通和通信设施显著改善，经济增长惠及整个社会，企业开始向国外投资，一些经济增长极开始转变为技术创新极。几个主要的资本主义国家进入成熟阶段的时间为：英国1850年、美国1900年、德国1910年、日本1940年。中国目前也已经进入了这一发展阶段。

（5）大众消费阶段。在这一阶段，主要的经济部门从制造业转向服务业，奢侈品消费向上攀升，生产者和消费者都开始大量利用高科技的成果。人们在休闲、教育、保健、国家安全、社会保障项目上的花费增加，而且开始欢迎外国产品的进入。目前主要的发达国家都已进入这一发展阶段。

（6）超越大众消费阶段。罗斯托对大众消费阶段以后的社会并没有一个清晰的概念，不过他认为该阶段的主要目标是提高生活质量。随着这个阶段的到来，一些长期困扰社会的老大难问题有望逐步得到解决。

在罗斯托的经济成长阶段论中，第三阶段即起飞阶段与生产方式的急剧变革联系在一起，意味着工业化和经济发展的开始，在所有阶段中是最关键的阶段，是经济摆脱不发达状态的分水岭，罗斯托对这一阶段的分析也最透彻，因此罗斯托的理论也被人们叫作起飞理论①。

3. 弗里德曼的经济空间结构发展阶段理论

美国地理学家弗里德曼（J.Friedmann）认为，在区域经济增长的同时必然伴随经济空间结构的改变。他 1966 年根据核心 - 边缘理论将区域经济空间结构的发展划分为如下四个阶段，每一个阶段都反映了核心区域与边缘区域之间关系的改变（图 1-2）。

（1）前工业化阶段。该阶段社会经济不发达，生产力水平低下，区域经济结构以农业为主，工业产值比重小于 10%，商品生产不活跃，各地方基本上自给自足，各地经济发展水平的差异比较小，区际之间经济联系不紧密，彼此孤立。城镇的产生和发展速度慢，各自成独立的中心状态。多数城镇的规模都比较小，城镇等级系统不完整。

（2）工业化初期阶段。随着社会分工的深化，生产的发展，商品交换日益频繁，某些位置优越、资源丰富或交通方便的地方，成为物资集散交换的中心，加工业和制造业得到发展，出现很高的经济增长速度，发展成为核心，也就是城市。相对于这个中心来说，其他地区就是它的边缘。在这个阶段，工业产值在经济中的比重一般在 10%~25% 之间。核心区域与边缘区域经济增长速度不同，差异扩大。这种关系一旦形成，核心区域就可以依靠它的支配地位，不断吸引边缘区域的劳动力、资金和资源，从而具有更大的发展优势，产生回流效应。边缘区域的人力、资金、物资向核心区域流动，核心地区也不断向边缘区域扩展，也就是城市化过程。核心区域经济实力增大，必然导致政治力量集中，使核心区域与边缘区域发展不平衡进一步扩大。

（3）工业化成熟阶段，又称为快速工业化阶段。工业产值在经济中的比重在 25%~50% 之间。核心区域发展很快，核心区域与边缘区域之间存在着不平衡的关系，并存在四个矛盾：一是权力分配问题，核心区域是决定政治、经济的权力区域，绝大多数的政策、决定都由核心区域制定，然后才下达到边缘区域；二是资金流动，多数资金都流向核心区域；三是技术创新，几乎所有的大学、科研机构都集中在核心区域，因此创新都几乎由核心区域流向边缘区域；四是人口流动，劳动力一般都由边缘区域流向核心区域，极少倒流。所以，核心区域对边缘区域起着支配和控制作用。由于核心区域的效益驱动以及核心与边缘之间的矛盾越来越紧张，边缘区域内部相对优越的地方便会出现规模较小的核心区域，把原来的边缘区域分开。次一级核心区域的形成，就会使大范围的边缘区域缩小，而且使边缘区域逐渐分开且并入一个或几个核心区域中去。

---

① 崔功豪，魏清泉，陈宗兴.区域分析与规划[M].北京：高等教育出版社，1999.

（4）空间相对均衡阶段，亦称之为后工业化阶段。核心区域对边缘区域的扩散作用加强，如核心区域需要从边缘区域得到更多的原材料和农产品，其规模经济所产生的剩余资本也投向边缘新的发展区，核心区域的先进技术将向更大的范围扩散，因而出现资金、技术、信息等从核心区域向边缘区域流动加强。边缘区域产生的次中心逐渐发展，并趋向于发展到与原来的核心区域相似的规模，基本上达到相互平衡的状态。次级核心的外围也会依次产生下一级的新的核心，形成新的核心与边缘区域。整个区域成为一个功能上相互依赖的城镇体系，形成大规模城市化的区域，又开始了有关联的平衡发展。

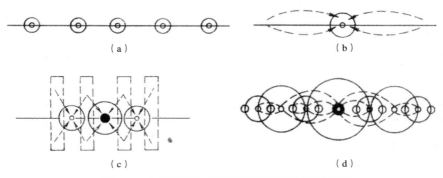

图 1-2 弗里德曼区域经济空间演变过程示意图

（a）工业化前阶段;（b）工业化初级阶段;（c）工业化成熟阶段;（d）空间相对均衡阶段

（资料来源：崔功豪，魏清泉，陈宗兴 . 区域分析与规划 [M]. 北京：高等教育出版社，1999）

4. 钱纳里的工业化阶段理论

钱纳里（H.B.Chenery）利用第二次世界大战后发展中国家，特别是其中的 9 个准工业化国家（地区）1960~1980 年间的历史资料，建立了多国模型，利用回归方程建立了 GDP 市场占有率模型，即提出了标准产业结构。即根据人均国内生产总值，将不发达经济到成熟工业经济的整个变化过程划分为三个阶段六个时期，从任何一个发展阶段向更高一个阶段的跃进都是通过产业结构转化来推动的。

（1）初级产业，是指经济发展初期对经济发展起主要作用的制造业部门，例如食品、皮革、纺织等部门。

第一阶段是不发达经济阶段。产业结构以农业为主，没有或极少有现代工业，生产力水平很低。第二阶段是工业化初期阶段。产业结构由以农业为主的传统结构逐步向以现代化工业为主的工业化结构转变，工业中则以食品、烟草、采掘、建材等初级产品的生产为主。这一时期的产业主要是劳动密集型产业。

（2）中期产业，是指经济发展中期对经济发展起主要作用的制造业部门，例如非金属矿产品、橡胶制品、木材加工、石油、化工、煤炭、制造等部门。

第三阶段是工业化中期阶段。制造业内部由轻型工业的迅速增长转向重型工业的迅速增长，非农业劳动力开始占主体，第三产业开始迅速发展，也就是所谓的重化工业阶段。重化工业的大规模发展是支持区域经济高速增长的关键因素，这一阶段的产业大部分属于资本密集型产业。第四阶段是工业化后期阶段。在第一产业、第二产业协调发展的同时，第三产业开始由平稳增长转入持续高速增长，并成为区域经济增长的主要力量。这一时期发展最快的领域是第三产业，特别是新兴服务业，如金融、信息、广告、公用事业、咨询服务等。

（3）后期产业，指在经济发展后期起主要作用的制造业部门，例如服装和日用品、印刷出版、粗钢、纸制品、金属制品和机械制造等部门。

第五阶段是后工业化社会。制造业内部结构由以资本密集型产业为主导向以技术密集型产业为主导转换，同时生活方式现代化，高档耐用消费品被推广普及。技术密集型产业的迅速发展是这一时期的主要特征。第六阶段是现代化社会。第三产业开始分化，知识密集型产业开始从服务业中分离出来，并占主导地位：人们消费的欲望呈现出多样性和多边性，追求个性[①]。

1.3　城市发展阶段理论研究展望

生命周期思想和发展阶段理论在时间维度上是独树一帜的，这一思想已经被广泛应用到经济学、社会学、管理学、自然地理学、环境科学、档案学等学科领域。该思想与不同研究对象的自身运动规律相结合，产生了众多创新性理论，对推动这些学科的发展作出了突破性贡献。

在城市研究领域，城市发展的阶段性思想已经被各国学者广泛接受，这一思想也已经成为城市研究的重要思想支撑。但由于城市的综合性、开放性和复杂性，目前关于城市发展阶段的理论研究远比不上这一思想在其他学科中的发展。除了邻里层次和单一职能城市的研究相对完善以外，对于一般性城市整体发展阶段的研究仍处于探索过程中。既有的理论成果对城市研究尚未产生重大影响，对推动城市地理学和城市规划学的发展也尚未作出突破性贡献。

现代社会学理论认为，时间与空间不仅是事物存在和运动的背景条件，同时也参与和建构了事物的存在和运动。1960年代之前，除地理学外，人们仅仅认识到空间的自然属性，而对于空间的社会特质及其在社会建构中的作用没有受到应有的

① 邓宏兵.区域经济学[M].北京：科学出版社，2008.

重视，形成了历史决定论下的空间失语，因而限制了这些学科相关理论的解释力[①]。而对于以城市空间作为主要研究对象的城市地理学和城市规划学来说，情况正好相反，我们过去仅仅认识到时间的自然属性（即日历时间），而对时间的社会性及其在社会建构中的作用没有引起重视，社会时间失语也同样限制了相关理论的解释力和学科的进一步发展。因此，1960年代以来，在人文社会科学普遍经历"空间转向"的过程中，城市地理学和城市规划学应当进行"时间转向"，应当深入分析城市发展中时间的社会性及其对城市空间的建构作用，城市发展阶段理论则应是其中的一个重点。

中国具有进一步发展和完善城市发展阶段理论的客观条件，这主要体现在：①中国是一个历史悠久的大国，具有五千多年的城市发展史，城市数量众多、类型多样，这为城市发展阶段研究提供了丰富的样本基础。②中国改革开放30年带来的高速增长几乎浓缩了发达国家上百年的经济发展历程。当前中国正在经历世界上最大规模的转型，转型期中国的城市普遍经历着显著的阶段性变迁，这为丰富和发展城市发展阶段理论研究提供了良好的时代背景。

从实践来看，当代中国正在经历一场史无前例、铺天盖地的"造城运动"。很多城市都进行了远远超越当前发展阶段的"大开发"和"大发展"，盲目求快求大，盲目追求高标准、高起点和跨越式发展。其结果是不仅造成资金和土地极大浪费、生态环境被严重破坏、一些城市市民精神逐渐缺失。更重要的是这场运动由于违背了城市发展的客观规律，人为地促进了城市的早熟，这必然会影响到城市未来的持续健康发展，也因而会影响到中华民族的美好前程。由于缺少理论的支撑，我们的城市研究者、城市规划师和管理者面对这一问题显得很无奈和无所适从。

中国城市在发展阶段上存在巨大的差异，处于不同发展阶段的城市，其发展基础、发展环境、发展路径是不一样的，各个城市目前面临的矛盾和问题也是不一样的，解决的办法也应有所差别。地方政府不能千篇一律地采用同样的城市发展模式，中央政府也应进行分类指导，对处于不同发展阶段的城市采取不同的政策。深入研究城市发展阶段理论并在此基础上对中国城市进行分类，可从理论上把握我们每一个城市在发展阶段上所属的类型，并且明确这一类型城市的发展路径和发展策略，以"因时制宜"地建设好我们的城市。

---

① 何学松. 社会理论的空间转向[J]. 社会，2006（2）：34-48.

第二章
城市发展与主导要素的演替

哈佛大学商学院教授迈克尔·波特1990年出版了《国家竞争优势》一书，该书从竞争优势的视角来刻画经济的发展过程，从而提出国家经济发展的四个阶段，即：传统要素主导阶段、投资主导阶段、创新主导阶段和富裕主导阶段。前三个阶段对应国家竞争优势的主要支撑条件，通常会带来经济上的繁荣。但第四个阶段是经济上的转折点，国家经济有可能因此而走下坡路，典型的例子是英国[①]。波特将国家竞争优势阶段化的目的并不是去解释一个国家经济完整的生命周期和发展历程，而是去刻画那些促进国家经济繁荣的产业的特征，并以此为指导探索一个国家实现经济发展阶段跃升的必要路径和提高产业竞争力的必要政策措施（图2-1）。

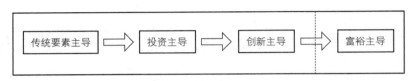

图 2-1　波特的国家发展阶段

（资料来源：迈克尔·波特著. 国家竞争优势 [M]. 李明轩，邱如美译. 北京：华夏出版社，1990）

由于1990年年底以来，投资成为我国经济快速增长的重要现实支撑，而建设创新型国家成为我国新世纪的一个重要奋斗目标，因此近十年来波特关于国家发展阶段的划分方法被我国区域与城市规划学界广泛引用。但是，绝大多数学者和规划师对波特的国家发展阶段理论处于"知其然而不知其所以然"的状态。因此，本书利用波特的理论框架，将其理论区域化和城市化，重点阐述前三个阶段城市主导要素演替的逻辑及其对应的空间范式和规划范式。对于第一个阶段，即传统要素主导阶段，本书将其具体化为自然资源主导阶段。

在具体论述展开前，有必要先对主导要素进行界定。主导要素是经济发展中产出弹性大并且相对短缺，对经济增长具有约束作用的生产要素。换言之，一种生产要素若被定义为主导要素，需要满足以下两个条件：①要素短缺，即该要素是一种稀缺要素；②产出弹性大，即该要素每投入一定单位，会带来社会经济更大幅度的增长。

每一个社会都存在一种主导要素，控制该主导要素的人群通常也就是该社会中的统治阶级。世界各国和各个区域经济发展的具体过程多种多样，但从整体上依然可看出阶段性演替的轨迹，阶段性演替本质上取决于主导要素的演替。如在奴隶社会，在肥沃土地充足的条件下，劳动力是稀缺要素，而且劳动力在当时具有较大的产出弹性，因此劳动力是主导要素，控制劳动力的奴隶主是社会的统治阶级；而随着人口的增加，劳动力不再短缺，肥沃的土地却随着人口的增加而开垦殆尽，此时

---

①　（美）迈克尔·波特著. 国家竞争优势 [M]. 李明轩，邱如美译. 北京：华夏出版社，1990.

优质的土地成为稀缺且产出弹性大的要素，即土地成为这一时期的主导要素，地主成为这一时期的统治阶级。在投资主导阶段，资本是稀缺要素，资本家成为投资推动阶段的统治阶级。在进入创新阶段后，知识成为稀缺资源，掌握专业知识的人将成为决定社会发展的关键力量。

2.1 自然资源主导

2.1.1 自然资源概述

《辞海》对自然资源的定义为：广泛存在于自然界并能为人类利用的自然要素。它们是人类生存的重要基础，是人类生产生活所需的物质和能量的来源，是生产布局的重要条件和场所。一般可分为气候资源、土地资源、水资源、生物资源、矿产资源、旅游资源和海洋资源。联合国环境规划署对自然资源的定义为：在一定的时间和技术条件下，能够产生经济价值、提高人类当前和未来福利的自然环境因素的总称。

人类对于自然资源的认识经历了一个漫长的演进过程。随着人口总量的增加和生活水平的提高，人类对自然资源的需求量不断增加。与此同时，随着科学技术的不断进步，人类对自然资源开发利用的种类、数量、范围也在不断增加，各种自然资源的相对重要性也处于不断变化之中。从某种意义上讲，一部人类社会的发展史，就是人类社会认识自然和开发利用自然资源的历史。表 2-1 所示是人类社会不同发展阶段和不同技术水平条件下新增的自然资源类型。

自然资源概念的演变 表 2-1

社会发展阶段	对应文化时期	人类技术水平	新增的自然资源种类
狩猎—采集社会	旧石器时代	粗制石器、钻木取火	燧石、树木、鱼、兽、果
	新石器时代	粗制石器、刀耕火种	栽培植物、驯化动物
农业社会	青铜器时代	青铜斧、犁、冶铜技术、轮轴机械、灌溉技术、木结构建筑	铜、锡矿石、耕地、木材、水流
	铁器时代	铁斧、犁、刀、冶铁技术、齿轮传动机械、石结构建筑、水磨	铁、铅、金、银、汞、石料、水力
	中世纪	风车、航海	风能、海洋水产
	文艺复兴时期	爆破技术	硝石（炸药与肥料）

社会发展阶段	对应文化时期	人类技术水平	新增的自然资源种类
工业社会	产业革命时期	蒸汽机	煤的大量使用
	殖民时期	火车、轮船、电力、炼钢、汽车、内燃机	石油
	第一次世界大战前后	飞机、化肥	铝、磷、钾
	第二次世界大战前后	人造纤维、原子技术	稀有元素、放射性元素，石油和煤不仅做能源，也作为原料
	1960 年代以后	空间技术、电子技术、生物技术等新技术	更多的稀有金属、半导体元素、遗传基因

资料来源：蔡运龙. 自然资源学原理 [M]. 北京：科学出版社，2001.

自然资源通常被分为可再生资源和不可再生资源。可再生自然资源是指在特定时间和空间范围内，能持续再生更新、繁衍增长、保持或扩大其储量的资源，典型的可再生资源如土壤、植物、动物等。不可再生资源是指在相当长的时间内不可能再生或更新的自然资源，矿产资源属于典型的不可再生资源。可再生和不可再生的划分具有相对性，如林木在一百年的时间尺度来看是可再生的，而某些矿产资源以一万年的时间尺度来看也是可再生的。农业的基础是可再生资源，而矿业的对象主要是不可再生资源。

2.1.2　自然资源的基本属性

自然资源具有数量有限、时间和空间分布不均衡、系统性和整体性等诸多特性，其中有限性是自然资源的最基本属性。自然资源的有限性一方面是指在特定的时间和空间范围内，其数量是可计量的，其再生能力是有限的；另一方面是指在特定社会中，由于技术、经济、社会等条件所限，人类所能认识和利用的自然资源也是有限的。

经济增长本质上就是人类对自然资源进行加工和再加工，由此获取所需要的物质资料，从而推动社会经济发展。因此，自然界扮演了人类生存发展所需资料的初次提供者的角色，一切劳动资料和劳动对象归根结底都是来自于自然资源，自然资源禀赋和开发利用能力就成为决定经济能否持续增长的关键。人类的经济及其他一切活动均面临对自然资源的选择和利用问题，这是经济学理论的重要前提和基本原则，因此经济学理论特别是早期的经济学理论都格外关注自然资源。

自然资源是有限的，而人类对经济增长的需求是无限的，自然资源的有限性和人类经济增长的无限性决定了自然资源的稀缺性，自然资源的开发和利用也因而成为事关人类命运的大问题。1972 年在瑞典首都斯德哥尔摩召开的人类环境会议响亮地提出"只有一个地球"的口号，呼吁人类应该珍惜资源，保护地球。

2.1.3　自然资源主导下的城市发展

区域发展的最初阶段主要依赖自然资源。在漫长的原始社会和农业社会，生存问题是人类面临的首要问题。只有具备了人类生存所必需的资源条件，人类才能得以生存和发展，因此自然资源尤其是与农业紧密相关的自然资源是区域早期发展的决定性因素。区域自然资源的类型、特征和丰裕程度对区域产业、人口、社会以及政治等诸多方面都产生着决定性的影响。

在自然资源主导的时代，资源的有限性决定了区域始终处于低水平均衡发展中。在农业时代，农业耕作方式、生产技术及各种生产要素在几千年的时间里均无根本性变化，农业生产力的发展是十分缓慢的，有时候还有下降，因此农业社会始终处于低水平均衡中。这正如芒福德所说：人类在满足了两个基本条件，即吃饱穿暖和传宗接代后，社会就会长期保持稳定的状态。城市是区域中心，区域的低水平均衡发展也就决定了城市相应的发展状态。

矿产主导的区域也与此类似。人类对矿产资源的开采和加工也由来已久，世界各国早期城市遗址中普遍存在金属冶炼遗址和金属与非金属矿产的加工遗址。1980年代末开始，经济学家提出了一个广为关注的诘问：丰裕的自然资源对经济发展到底是福还是祸？由此诞生了"资源诅咒"一词，所谓"资源诅咒"，即丰裕的资源对国家或区域的经济增长并不是充分的有利条件，反而是一种限制。因此，从较长时段来看，资源丰裕国家或地区的经济增长速度是缓慢的，甚至是停滞的[1]。矿产资源丰裕的区域通常存在不利于区域经济增长的两个效应：挤出效应和制度弱化效应。挤出效应是指丰裕的自然资源以及资源采掘业的发展对现代制造业、技术创新、物质资本投资、人力资本积累、民营经济发展和外商直接投资等产生排挤作用。制度弱化效应是指由于法律法规不完善、产权不明晰、制度不健全等原因，导致资源的不合理开发和利用带来生态环境恶化、贫富差距拉大、政府干预经济的方式错位与矿难频发等问题十分严重，这些问题的出现显然不利于矿业型城市经济的长期增长和可持续发展[2]。因此，矿产资源主导的区域与农业主导的区域一样，从长期来看，也处于低水平均衡发展状态。

当前，我国整体已经进入工业化中后期，农业和矿产资源在国家整体经济中的地位逐步下降。但是由于我国是一个大国，存在巨大的区域差异，因此在一些地方，自然资源对区域发展的主导作用依然很显著。一方面，在我国中西部一些地区，农业依旧是区域发展的主导产业。若以地级市作为基本区域单元，2012年我国仍有

---

① 张复明，景普秋. 资源型经济及其转型研究述评[J]. 中国社会科学，2006（6）：78-87.
② 王中亚. 资源型城市"资源诅咒"传导机制实证研究[J]. 城市发展研究，2011(11):85-89.

22 个城市第一产业比重占 GDP 的比重超过 25%，有 7 个城市第一产业比重占 GDP 的比重超过 30%。绥化和黑河甚至分别达到 40.46% 和 49.89%。另一方面，由于矿产资源分布的非均衡性，我国存在一批以矿产资源开采和初加工为主导产业的城市，《全国资源型城市可持续发展规划 (2013-2020 年)》界定出 262 个资源型城市。

2.2 投资主导

2.2.1 资本概述

在中世纪的拉丁语中，"资本"最初是指牛或其他家畜。家畜不仅可以提供肉类、牛奶、皮毛等额外的财富或附加值，还具有"繁殖"的"价值特性"。因此，从"资本"一词的原始词义上来看，它表示了既可以从资产中获取物质资源和财富，同时也具有提取资产附加值的潜能。亚当·斯密将资本定义为"为了生产的目的而积累的资产储备"，并认为只有在充分积累的基础上，专业化生产才能得以实现。资本积累得越多，专业化分工就越可能实现，社会生产力就越可能提高[1]。在现代经济学意义上，广义的资本是指用于生产的基本要素，包括资金、厂房、设备、材料等。狭义的资本通常指资金，特别是用于经商、兴办企业和城市建设的资金，本书主要指狭义上的资本。

狭义的资本由货币转化而来，它在历史上最初就是以货币为形式，以商业和高利贷为基础出现的。商人事先向生产者提供资金，生产者在收获后向商人交货。这样货物不再在市场上出售，因而西欧一些地区的商人（典型的如威尼斯商人）得以绕过不发达地区的本地商人，直接控制远方的生产者，最终打败土著商人[2]。对我国无锡近代资本的研究也表明，商业贸易利润为早期资本形成的最大构成部分，有 60% 左右的资本是从传统商业部门的资产和利润转化而来[3]。

从历史形态来看，资本先后经历商业资本、工业资本、金融资本三种主要形式。生产力发展水平是各种类型资本的形成基础，而资本类型的演进又反过来对生产力起着推动作用。在自然资源主导的社会，也就是在前工业化时期，商业资本独立并优先地发展。这是因为自然资源的有限性也决定了商品生产的有限性，可交易的商品数量非常有限，商业的进一步发展往往受商品类型和数量的制约。工业革命破解

---

① （秘鲁）赫尔南多·德·索托著. 资本的秘密[M]. 于海生译. 北京：华夏出版社，2007:28-32.
② （美）伊曼纽尔·沃勒斯坦著. 现代世界体系（第1卷）[M]. 罗荣渠译. 北京：高等教育出版社，1998.
③ 吴柏均. 工业化初期区域资本的形成[J]. 中国经济史研究，1993(2):22-30.

了商品生产不足的制约，生产取代商业成为主导，产业资本也由此快速取代商业资本，成为大工业生产方式下资本的主导形态。产业资本和商业资本都需要以货币资本作为基础，随着经营规模的不断扩大，货币的需求量越来越大，速度越来越快，高度专业化的金融资本应运而生，它相对于产业资本和商业资本独立发展，并借助于信用制度最终成为掌控产业资本和商业资本的资本形式[1]。

2.2.2 资本的属性

资本具有多重属性，例如增值性、社会性、竞争性和权力性等，其中增值性是资本最基本的属性。资本增值的特性，实际上就是资本不断追逐剩余价值的特性。资本的增值本性驱使资本通过不停地运动来占有更多的剩余价值，这一运动是客观且不可阻挡的，即"资本总是要向那些能够获得最高额利润的产业或产品集中；资本总是要通过竞争表现自己的活跃，并在社会经济生活中的各个领域都具有强大的渗透力"[2]。

资本的增值性具有积极意义，是正确利用资本的重要理论基础。资本将处于分散状态的生产要素、资产和人口集聚起来，解放了被封建主义束缚的生产力，提高了社会发展水平和人类生活质量。16世纪以前，英国的农民都睡在地板上，厨房里仅有一两口锅。正是由于资本的快速扩张，到16世纪末，一位农夫可能拥有在橱柜里摆有一套精致的锡铅合金餐具，三四张羽绒床，好几套床罩和挂毯，一个印制的盐罐，一罐酒……以及一打羹匙。马克思和恩格斯在《共产党宣言》中也指出："资产阶级在它的不到一百年的阶级统治中所创造的生产力，比过去一切世代创造的全部生产力还要多，还要大"。

但资本的增值性也具有显著的负面意义。马克思对此有一段经典的论述：如果有10%的利润，它就得保证到处被使用；有20%的利润它就活跃起来；有50%的利润，它就铤而走险；为了100%的利润，它就敢践踏一切人间法律；有300%的利润，它就敢犯任何罪行，甚至冒绞首的危险。资本的增值的本性必然导致生产过剩，进而导致经济危机，这是资本主义的固有矛盾。

因此，资本从它产生的那一刻起，就是充满着矛盾的混合体。它作为进步的力量，将一切封建的和宗教的关系统统瓦解，创造出以往一切时代都难以比拟的生产力。但资本的过度积累又会对生产力的进一步发展造成破坏，成为社会经济进一步发展的桎梏。

① 王莉娟. 金融资本的历史与现实[J]. 当代财经，2011(5)：24-32.
② 朱扬宝. 资本增值性与社会性的当下观照[J]. 学术界，2013(3)：76-85.

2.2.3　投资主导下的经济增长

在古典经济学家所处的从农业社会向工业社会转型的时代，土地仍然是最重要的生产要素，土地报酬递减规律具有压倒一切的影响。受土地制约，经济增长具有一个上限，经济增长的前景是暗淡的。因此，斯密在《国富论》中有相当大的篇幅讲述地租，马尔萨斯的《政治经济学原理》有很多关于土地的论述，李嘉图在《政治经济学及赋税原理》中也用很大篇幅讨论地租、地租税、土地税等。配弟的名言"劳动是财富之父，土地是财富之母"体现了对当时基本生产要素的深刻认识。但与此同时，他们也开始注意到资本的重要性。如斯密在《国富论》中阐述了物质资本积累是经济增长的源泉之一的观点，李嘉图认为物质资本积累是经济发展的动力，穆勒也在其著作中再三强调资本积累。

进入 20 世纪以后，随着资本主义国家的发展壮大，经济学家开始赋予资本以经济发展的核心地位，经济学理论和模型也发生了根本改变。第一个经济增长模型哈罗德—多马模型直接把土地从模型中剔除掉，认为它是个可有可无的变量。新古典经济增长模型也继承了这一传统，把人均资本水平的高低作为人均收入的决定要素，资本取代土地成为经济发展的主导要素。20 世纪中期，现代经济增长理论更是强化了资本积累在经济增长中起决定性作用的观点。罗斯托的"起飞"理论、莱宾斯坦的"临界最小努力"理论、罗森斯坦-罗丹的"大推进"理论等都强调资本对落后地区打破恶性循环、实现区域经济起飞的重要性。纳克斯的"贫困恶性循环"理论也表明，贫困的原因是由于经济增长停滞和人均收入低下，而导致经济增长停滞和人均收入低下的原因是资本匮乏和投资不足，因此，解决欠发达地区的资本形成问题是实现经济起飞和摆脱贫困的先决条件。

投资对经济增长具有重要的促进作用，这种作用具体体现在两个方面：一是投资在当期对生产构成需求，二是从长期来看又能够通过生产能力的提高而增加供给。投资的实现过程，就是不断购买生产设备、支付工资以及不断进行购买和建造的过程，这一过程必然会引起需求总量的增加。而投资转变为固定资产后就会形成生产能力，进而增加供给。

从发达国家和地区过去的实际发展历程来看，诸多对这一阶段发展的跟踪研究也表明，在这一阶段影响区域经济增长的三大要素（土地、资本、劳动力）中，资本对经济发展贡献最大，大量投资可更新设备、扩大规模、增强产品的竞争能力。二战后日本的崛起就是一个典型。1950 年代中期以后，日本长期坚持推行高积累、高投资和强化资本积累的政策。1955~1970 年，日本固定资产投资增加超过 15 倍，每年都占 GNP 的 1/3 左右，高于所有西方发达国家，这是日本战后经济长期高速增长的关键所在。

投资能够拉动经济增长，但也不是投资越大越好，主要原因在于：首先是投资增长过快会加大经济运行的潜在风险。投资规模偏大、增速过高与货币信贷投放过多相互推动、互为因果。贷款的快速增长在一定程度上会推动投资的高速增长，投资的高速增长又进一步促进了信贷规模的扩大。其次，投资过快增长还会导致生产资料价格快速上涨。这是因为投资过快增长，必然加大对原材料的需求，引发生产资料价格上涨，最终必然传导到消费价格的上涨。同时，投资的过快增长还会对环境保护、资源开发造成较大压力，可能会影响到可持续发展。

投资率是我国用来界定投资在经济增长中地位的一个常用指标，它是指全社会固定资产投资额与当期 GDP 之比，投资率越高，表明生产成果用于扩大再生产的比重越多，投资对经济增长的支撑作用也越强。1981 年以来，我国投资率逐步上升，固定资产投资的增长速度远远大于 GDP 的增长速度，形成了投资对经济发展的拉动效应。同时，资本的生产率对国民收入增长率的贡献度在全要素中最大，从而形成投资对经济发展的推动效应。从 1981 年的 0.20 增加到 2014 年的 0.81（图 2-2）。如此之高的固定资产投资率和固定资产投资增长率，实属世界罕见。但 2011 年世界银行的一个研究报告认为，由于统计方法、税收规避、投资漏损等因素使我国的投资率存在高估，消费率存在低估，两者偏差可能在 10%~15% 左右。

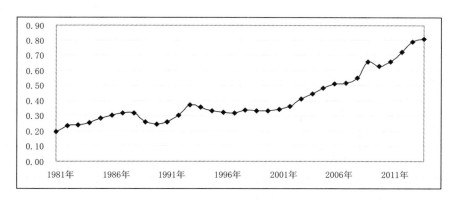

图 2-2　我国 1981~2014 年的投资率

我国各城市的投资率存在较大的地域差异。2012 年我国投资率最低的城市是深圳，为 0.18；最高的城市是平凉，为 2.17。投资率最低的 10 个城市，主要是发达地区的城市或一线城市。投资率最高的 10 个城市，主要集中在我国的欠发达地区。从变化趋势来看，位于发达地区的城市或一线城市，投资率已经呈现出明显的下降态势。而中西部大多数城市，投资率仍处于继续上升阶段（表 2-2）。

大规模投资拉动了中国经济高速发展，带来的物质财富增加显而易见，社会的物质文明进步更是有目共睹。但是，投资主导也会给区域经济增长带来显著问题：

①为了获得最大限度的增值，资本总是由利润率较低的部门流向利润率较高的部门，这一方面使得一些盈利能力较低但涉及国计民生的产业处于弱势地位；另一方面，那些盈利能力强的产业往往会受到资本的过度追捧，导致投资过剩，使产业结构呈畸形发展状态。②资本的大量扩张必然消耗大量的自然资源，而有限性是自然资源的基本属性，因而区域必将最终面临自然资源和环境瓶颈。我国 7 大水系 1/5 水质为劣 V 类，长时间大范围雾霾天气影响了国土面积的 1/4，受影响人口达 6 亿。在此状态下，依赖资本进一步投入拉动经济增长的可能性越来越小，区域发展此时面临着从增加资本投入向提高全要素生产率的转变，也就是区域发展进入到创新导向阶段。

2012 年投资率最低的 10 个城市和投资率最高的 10 个城市　　表 2-2

投资率最低的 10 个城市			投资率最高的 10 个城市		
排序	城市	投资率	排序	城市	投资率
1	深圳	0.18	1	平凉	2.17
2	茂名	0.22	2	陇南	1.79
3	东莞	0.24	3	定西	1.76
4	上海	0.26	4	庆阳	1.68
5	广州	0.28	5	贺州	1.38
6	玉溪	0.29	6	酒泉	1.36
7	湛江	0.31	7	三亚	1.30
8	菏泽	0.31	8	武威	1.22
9	佛山	0.32	9	巴中	1.22
10	北京	0.36	10	百色	1.21

2.3　创新主导

2.3.1　创新概述

创新并不是一个新的现象，人类自身存在一种探寻解决问题的新方法和好方法的固有动力。在西方，创新一词最早起源于拉丁语，原意有三层含义：一是更新；二是创造新的东西；三是改变。在我国，创新一词出现得也很早，我国三国时期的百科词典《广雅》中有："创，始也，新，与旧相对"。《魏书》中有"革弊创新者，先皇之志也。" 比《魏书》稍晚的《周书》两次出现"创新改旧"一词。《南史》中有"今贵妃盖天秩之崇班，理应创新。"上述所引古籍中的"创新"一词，大抵与"革新"同义，主要是指制度方面的改革、变革、革新和改造，并不包括科学技术的创新。

但在 1960 年代以前，人文社会科学对创新缺乏足够重视，那时人们对经济增长的关注主要集中在资本积累和市场机制等方面，没有意识到创新对经济和社会发展的重要作用。引发人们对创新作用关注的是 20 世纪以来的一批人文社会科学家，其中最重要的是三位：熊彼特（J.A.Schumpter）、德鲁克（P.F. Drucker）和诺斯（D.C.North）。

最早的创新概念是由美籍奥地利人熊彼特（1883~1950 年）提出来的。熊彼特关于经济增长非均衡变化的思想首先反映在其 1911 年德文版的《经济发展理论》一书中，此书在 1934 年译成英文时，使用了"创新"（innovation）一词。熊彼特在 1928 年首篇英文版文章《资本主义的非稳定性》中指出：创新是指将新的生产资源投入实际应用的过程。在 1939 年出版的《商业周期》一书中指出：创新实质上是经济系统中新生产函数的引入，原有的成本曲线因此而不断更新。在熊彼特看来，"创新"是一个经济范畴而不是一个技术范畴，它不仅指科学或技术上的发明创造，还包括把已发明的科学或技术成果引入企业的应用中，形成一种新的生产能力。他认为创新包括以下五个方面的内容：①产品创新，即引入新的产品或提供产品的新质量；②工艺创新，即采用新的生产方法；③市场创新，即开辟新的市场；④资源开发利用创新，即获得新的供给方法；⑤体制和管理创新，即实行新的组织形式。熊彼特创新概念的含义相当广泛，它包括了一切可供资源配置的创新活动，这些活动可能与技术直接相关，也可能与技术不直接相关。在熊彼特看来，经济的变革与增长归因于创新活动，企业家在创新活动中起主导作用，而不是科学家，创新是判断企业家的唯一标准。熊彼特还认为，创新就是创造性破坏，这是资本主义的本质性事实，每一次大规模的创新都淘汰旧的技术和生产体系，并建立起新的生产体系。

德鲁克（1909~2005 年）也是美籍奥地利人，被誉为"现代管理学之父"，他首次提出了"组织"的概念和目标管理，率先对"知识经济"进行阐释。德鲁克在 1950 年代把创新的概念引入管理学研究，形成了管理创新。他认为创新就是赋予资源以新的创造财富的能力的一种行为。作为管理学大师，德鲁克认为：①创新的概念应该开阔。他曾经在著作《创新与企业家精神》中写过这样一句话，"创新不是一个技术概念，而是一个经济社会的概念。"他在不同场合再三强调，"创新才是第一生产力。"德鲁克把创新分为三个层面：一是技术创新，技术上的发现和发明；

二是管理创新，推广产品和服务；三是市场创新，关注人口变化当中的价值与行为变化。在这三个层面中，他认为管理上的创新和市场创新比技术创新更重要。②创新是平凡人的事情，每个人都可以做。德鲁克却经常讲，创新不是天赋，不需要人太聪明，创新就是踏踏实实干，任何凡人都可以创新。创新是不能规划出来的，创新就是试错。他认为，创新的含义是有系统地抛弃昨天，有系统地寻求新机会：在市场的薄弱之处寻找机会，在新知识的萌芽期寻找机会，在市场的需求和短缺中寻找机会。

诺斯（1920年至今），芝加哥大学经济学教授，1993年诺贝尔经济学奖得主。他建立了包括产权理论、国家理论和意识形态理论在内的"制度变迁理论"。他将创新引入制度层面，认为制度创新是通过创设新的、能有效激励人们行为的制度来实现社会经济的发展。所有创新活动都有赖于制度创新和持续激励，创新获得的收益通过制度创新得以固化，并以制度化的方式持续发挥作用，这是制度创新的积极意义所在。制度创新的核心内容是社会政治、经济和管理等制度的革新，是支配人们行为和相互关系的规则的变更，是组织与其外部环境相互关系的变更，其直接结果是激发人们的创造性和积极性，促使不断创造新的知识和社会资源的合理配置及社会财富源源不断地涌现，最终推动社会的进步。

2.3.2 创新的属性

创新具有多重属性，从不同的视角分析具有不同的结果。如从投资的角度来看，创新具有风险性和收益性。即创新一方面具有很大的不确定性，创新活动的投入和结果不存在简单的正相关关系，大约有90%的技术创新最终在进入市场之前夭折，因此创新具有风险性。另一方面，创新可以重新组合生产要素，从而改变要素产出，提升组织的生产力和价值，由此为组织带来可观的收益。尽管创新存在风险，但由于其巨大的收益，因而个人和组织具有创新的动力。

从对创新本质的研究来看，系统性被认为是创新的最重要属性。在前工业化时期和工业化初期，创新仅被看作是少数科学家或企业家的个体行为，强调创新过程中的某些特定要素或偶然性事件。而创新的系统性根植于"创新是由不同参与者和机构的共同体大量互动作用的结果"这样的认识。创新能力不仅取决于各行为主体（企业、大学、组织、研究机构、政府机构等），更取决于他们的相互关系。因此，系统中行动者之间的相互关系是理解创新系统性的关键，也是改进创新绩效的核心。1980年代后期开始，创新行为的系统性愈来愈受到人们的关注，人们开始注重从系统的角度分析和研究创新过程，创新研究由此走向系统范式。

区域创新系统是创新的系统范式中的一个核心概念，由英国卡迪夫大学教授库克（P.N.Cooke）1992年首先提出。他将区域创新系统定义为由在地理上相互分工与关联的生产企业、研究机构和高等教育机构等构成的区域性组织系统，该系统支持并产生创新。区域创新系统这一概念的提出基于两个方面：一方面是技术轨迹的存在。技术轨迹源于区域内的黏滞性知识和本地化学习，它们的存在使得区域更具创新性和竞争性。另一方面是产业集群和产业区。区域创新系统概念的出现与后福特时代产业集群和产业区的成功是密切相关的，这一概念的产生也代表着经济地理学试图更好地理解制度和组织在区域增长中的关键作用。

从创新主体来看，区域创新系统主要由企业、大学和科研机构、政府、中介（及金融服务机构）构成：①企业是区域创新活动中最重要的行为主体。在市场经济条件下，企业贴近市场、了解市场需求，具备将技术优势转化为产品优势、将创新成果转化为商品和通过市场得到回报的要素组合和运行机制。同时，在市场竞争压力下，企业家较之科学家对通过创新提升竞争力与创造效益、谋求企业的发展壮大更为迫切。正是企业所具有的这些内在需求和属性，决定了其在创新中的主体地位。②大学和科研机构是区域创新体系中的重要知识源，它们提供科技成果、知识和培养人才，并且在建设和改善区域社会文化环境方面发挥着重要的作用。③中介及金融机构能够更有效率地发挥市场配置资源的作用，在节省交易成本的同时加速新企业的诞生、成长、集聚和持续创新。他们在促进企业创新和发展，以及提升区域创新体系的竞争力上发挥着重要的桥梁和纽带作用，是创新过程的"催化剂"。④政府既是区域创新活动规则的制定者，也是区域创新活动的直接参与者。政府不仅通过建设创新基础设施、培育创新主体、营造创新氛围以及实施一些必要的政策工具来对创新过程给予必要的支撑和扶持，为创新提供良好的空间，而且作为创新体系中的制度创新主体发挥着重要作用。

区域创新系统被视为提升区域竞争力和国家竞争力的重要举措。我国目前也已开始实施并日益重视区域创新系统建设战略，从南到北、从中央到地方，加快区域创新系统建设，为区域经济社会发展提供强有力的支撑，已成为各级政府落实协调、全面、可持续的科学发展观的新抓手。

2.3.3　创新主导下的经济增长

在自然资源主导的社会，绝大多数人过着"日出而作，日落而息"的生活，在技术上的创新是缓慢的，在制度上是因循守旧的，因而社会整体创新并不活跃。在投资主导的社会，一方面由于资本增值的天性，资本具有通过促进技术创新以获得更大利润的动力；另一方面，资本主义社会蕴涵着经济危机，为了缓解经济危机带来的冲击，必然会进行一系列的制度创新。因此，创新也是资本主义经济增长和发展的动力，没有"创新"就没有资本主义的发展。但是，在投资主导的社会，创新是从属于资本，为资本增值服务的。

自然资源主导和投资主导都是不可持续的，都会面临增长的瓶颈：一是由于要素报酬递减会直接影响到要素的投入，一旦要素投入因为要素报酬递减而趋于下降，那么经济发展也就会趋于停滞；二是经济发展需要各种各样要素和资源的组合，当其中的某一种要素或者资源出现短缺时，经济发展就会因为该要素或资源的短缺而面临瓶颈。随着我国经济发展水平的不断提高，投资驱动经济发展的制约明显加大，传统的以 GDP 为核心的增长模式难以为继，特别是经济增长的内生动力不足，这就需要加快实现经济发展从投资驱动向创新驱动的转变。实施创新驱动发展战略是加快经济发展方式转变、破解经济发展深层次矛盾和问题、增强经济发展内生动力的根本措施①。

创新主导是指利用知识、技术、制度等的革新对现有的资本、劳动力、土地等传统生产要素进行新的组合，以新的技术和知识去改造传统物质资本、提高劳动者素质和科学管理，以此提高社会生产力和人们的幸福感②。创新驱动也需要自然资源和资本，但此时它们都从属于创新，并且因创新而带来两者的节省。创新主导与内生经济增长模式本质上是一致的，即能够不依赖外力推动实现长期持续增长，内生的技术进步是保证经济持续增长的决定因素③。

在创新主导阶段，"人的智力"成为第一生产要素，知识、信息等无形资产成为主要的要素投入。这类要素具有非稀缺性、非排他性与非消耗性等特点，其生产率远远高于资本、自然资源和劳动力。不少经济学家指出，"自然"在生产中的作用可以归结为收益递减，但"人"的作用是收益递增的④。

创新型国家是指那些将科技创新作为发展的基本战略，大幅度提高科技创新能力和水平，进而形成强大竞争优势的国家。目前世界上公认的创新型国家大约有20 个，它们有以下共同特征：①研发投入占 GDP 的比例一般在 2% 以上；②科技对经济增长的贡献率在 70% 以上；③对外技术依存度指标一般在 30% 以下。波特主编的《全球竞争力报告（2007—2008 年）》提出人均 GDP 高于 17000 美元的经济体即为创新驱动型经济体的标准⑤。进入新世纪以来，世界各国纷纷强化创新战略：美国出台《创新战略》，从国家发展战略上强化创新；欧盟通过《欧洲 2020 战略》，致力于成为最具国际竞争力的国家联合体；日本出台《数字日本创新计划》，进一

① 龚六堂，严成樑.我国经济增长从投资驱动向创新驱动转型的政策选择[J].中国高校社会科学，2014（2）：102-113.
② 洪银兴.科技创新与创新型经济[J].管理世界,2011（7）：1-8.
③ 陈波.论创新驱动的内涵特征与实现条件[J].复旦大学学报(社会科学版)，2014(4):124-133.
④ 张来武.论创新驱动发展[J].中国软科学，2013(1):1-5.
⑤ 施筱勇.创新驱动经济体的三大特征及其政策启示[J].中国软科学，2015(2):44-56.

步强调科学技术立国；韩国制定科技发展长远规划《2025年构想》，提出成为亚太地区主要研究中心的目标。

在西方发达国家，创新型城市建设是随着工业化后期经济社会转型而出现的。1960年代以来，西方国家逐步进入工业化后期，传统的投资推动增长模式带来了显著的问题，部分城市面临经济停滞、设施老化、企业外迁、人才外流、社会分化、情感恐惧及对有形环境不满和地方归属感缺乏等多种危机，城市发展的创新问题引起了政府部门和学术界的关注与思考。1990年代以来，诸多发达国家的城市明确提出了建设创新型城市的目标和战略。伦敦大学规划学教授彼得·霍尔（Peter Hall）在他的著作《城市文明：文化、科技和城市秩序》中认为，那些有创新特质的城市往往"在演化过程中都有一个很关键的10~20年的时间，在这个时间里，城市处于经济和社会的变迁中，大量的新事物不断涌现，融合并形成一种新的社会。"这个阶段即为城市由投资推动向创新推动变迁的转型期。

我国过去的经济增长是建立在高能耗、高污染的粗放式增长模式基础上的，属于投资驱动的模式，而非创新驱动经济增长模式。学术研究普遍认为，我国经济的持续增长源于投资，技术进步对我国经济增长的影响很小。如Chow和Lin（2002）根据我国1978～1998年的数据计算出物质资本投资对我国经济增长的贡献率为62%，劳动投入对我国经济增长的贡献率为10%，全要素生产率对我国经济增长的贡献率为28%[1]。郭庆旺和贾俊雪（2005）的研究表明，我国改革开放以来经济增长主要依赖要素投入，技术进步的贡献率较低。科技对经济增长的贡献率仅为39%，对外技术依存度大于40%，与创新型国家存在明显差距[2]。郑京海等（2008）将1978～2005年划分为1978～1995年和1995～2005年两个阶段，这两个阶段经济增长都是依靠资本增长拉动的。尤其是在第二个阶段，资本的增长率超过GDP的增长率高达3.13%，全要素生产率对GDP的贡献率下降[3]。王小鲁等（2009）的研究表明，中国经济增长呈现出粗放型增长的特点，主要表现为经济增长是由大量资本、能源和原材料、劳动力投入等要素驱动的，而技术进步和全要素生产率对经济增长的贡献度较低[4]。金飞（2014）的研究表明，从城市层面来看，技术进步对地方经济的促进作用也非常有限，2008年以后还呈现出下降的态势[5]。2014年我国人均GDP约为7485美元，远低于波特提出的标准。创新基础竞争力也与发达国家存

---

① Chow G, Lin A.Accounting for Economic Growth in Taiwan and Mainland China: A Comparative Analysis[J]. Journal of Comparative Economics, 2002, 30: 507-530.

② 郭庆旺，贾俊雪.中国全要素生产率的估算：1979－2004[J].经济研究，2005(6):51-60.

③ 郑京海，胡鞍钢，Bigsten A.中国的经济增长能否持续？一个生产率视角[J].经济学（季刊），2008（3）：777-809.

④ 王小鲁，樊纲，刘鹏.中国经济增长方式转换和增长的可持续性[J].经济研究，2009（1）:4-16.

⑤ 金飞.经济奇迹的另一面：生产率缺失的中国市区县经济增长[M].太原：山西人民出版社，2014.

在一定的差距，在 G20 成员国中，中国的创新基础竞争力排在第 11 位，落后于所有的 8 个发达国家。

随着我国生产要素成本的快速增加，资源和环境压力加大，人口红利下降，经济增速进入缓行期，高投入、高能耗、低成本的增长模式不可持续，外部需求的不确定使中国经济增长的拉动力受限，我国经济增长的动力必须从"要素驱动"和"投资驱动"转向通过技术进步来提高劳动生产率的"创新驱动"[①]。胡锦涛于 2006 年 1 月 9 日在全国科技大会上宣布中国未来 15 年科技发展的目标：2020 年建成创新型国家，使科技发展成为经济社会发展的有力支撑。十八大报告进一步强调实施创新驱动发展战略。在 2013 年的全国两会上，习近平指出：我国经济已由较长时期的两位数增长进入个位数增长阶段。在这个阶段，要突破自身发展瓶颈、解决深层次矛盾和问题，根本出路就在于创新，关键要靠科技力量。他强调，要坚持自主创新、重点跨越、支撑发展、引领未来的方针，以全球视野谋划和推动创新，改善人才发展环境，努力实现优势领域、关键技术的重大突破，尽快形成一批带动产业发展的核心技术。2013 年 9 月 30 日，中共中央政治局在中关村以实施创新驱动发展战略为题举行第九次集体学习。2015 年 3 月党中央国务院出台了《关于深化体制机制改革加快实施创新驱动发展战略的若干意见》，提出破除一切制约创新的思想障碍和制度藩篱，激发全社会创新活力和创造潜能……增强科技进步对经济发展的贡献度，营造大众创业、万众创新的政策环境和制度环境。

因此，实施创新驱动是我国当前立足全局、面向未来的重大战略。在日趋激烈的全球综合国力竞争中，必须坚定不移地走中国特色自主创新道路，深化科技体制改革，增强创新自信，发挥科技创新的支撑引领作用，不断开创新发展、新局面，加快从要素驱动发展为主向创新驱动发展转变，加快从经济大国走向经济强国。

从城市层面来看，虽然技术进步对地方经济的促进作用也非常有限，但在我国一些发达城市，如深圳、广州、北京、天津、上海等，人均 GDP 水平已经超过或基本达到波特提出的 1700 美元的水平，研发投入占 GDP 的比重以及科技对经济增长的贡献率也远高于全国的平均水平。因此，这些城市会先于全国进入创新主导发展阶段。2008 年，深圳成为我国第一个创新型城市试点城市，目前全国创新型城市试点已达 56 个（表 2-3）。创新将是推动我国下一阶段城市发展的主要力量，我国大多数城市也将会相继进入这一阶段。

除创新型城市外，我国还有一类创新推动型区域，即自主创新示范区，是指经国务院批准，在推进自主创新和高技术产业发展方面先行先试、探索经验、作出示范的区域。自 2009 年国务院批准中关村科技园为我国首个国家自主创新示范区以

---

① 洪银兴.现代化理论和区域率先基本现代化[J].经济学动态，2012（3）：4-8.

来，陆续批准了 10 个国家自主创新示范区（表 2-4），这些创新型城市和自主创新示范区将成为引领我国城市从投资驱动向创新驱动转型的典范。

我国创新型城市试点城市名单 表 2-3

批准年份	城市名单
2008 年	深圳
2009 年	大连、青岛、厦门、沈阳、西安、广州、南昌、南京、杭州、合肥、长沙、苏州、无锡、烟台
2010 年	北京海淀区、天津滨海新区、唐山、包头、哈尔滨、上海杨浦区、宁波、嘉兴、合肥、厦门、济南、洛阳、武汉、长沙、重庆沙坪坝区、成都、西安、兰州、海口、昌吉、石河子
2011 年	连云港、沈阳、西宁、秦皇岛、呼和浩特
2012 年	郑州、南通、乌鲁木齐
2013 年	宜昌、扬州、泰州、盐城、杭州、湖州、萍乡、青岛、济宁、南阳、襄阳、遵义

我国自主创新示范区名单 表 2-4

批准年份	示范区名单
2009 年	北京中关村、武汉东湖
2011 年	上海张江
2014 年	深圳、苏南、长株潭
2015 年	天津、成都高新技术产业开发区、西安高新技术产业开发区、杭州国家级高新区

第三章

自然资源主导下的城市

自然资源通常被分为可再生资源和不可再生资源，农业的基础是可再生资源，而矿业的对象主要是不可再生资源，两者对城市发展和空间结构的影响有相似之处，但又不尽一致。为论述方便，本章将这两种自然资源分开，分别论述它们对城市发展和城市空间结构的影响，以及在此基础上的规划范式。

3.1 农业主导下的城市

农业是人类社会最古老的物质生产部门，也是最基本的物质生产部门，其主要功能是为人类提供粮食和纤维。农业发展是城市产生的前提：一方面，只有在土地和气候适宜并且能创造出剩余农产品的地区，从事非农产业的管理者、祭司和工商业者才能得以生存，城市文明才能产生；另一方面，由于农业的发展，人类开始定居，固定聚落和私有产权制度开始形成，社会分工不断深化，社会组织和管理体系相继出现，继而形成城市。因此，人类早期的城市出现在古代农业发展较早和生产力水平较高的地区，如两河流域、尼罗河流域、印度河流域、黄河流域和长江流域。中美洲和南美洲的城市文明虽然出现的时代相对较晚，但其独特的农业文明也使其成为相对独立的城市起源区（图 3-1）。

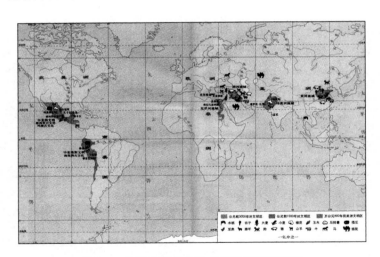

图 3-1 世界主要的农业与城市文明起源区
（资料来源：张芝联，刘学荣主编 . 世界历史地图集 [M]. 北京：中国地图出版社，2005）

3.1.1 农业社会城市发展的基础：农业经济与乡土文化

在农业主导的社会，农业经济与乡土文化是城市发展的基础，城市在经济上依附于农业，在文化上依附于农耕文明。

1. 城市在经济上依附于农业

在农业主导的社会中，农业是社会经济生活的基础和绝对的主体，为整个社会提供最基本的生活资料和生产资料。因此，农业是城市存在和发展的基础，城市在经济上依附于农业。

虽然自先秦时期开始，中国就出现了一些著名的工商业城市，但就总体而言，城市的工商业在整个社会经济结构中所占的份额不大。当时小农经济和家庭手工业通常合二为一，"男耕女织"即是其最好的写照，因此手工业的主体在乡村。城市中所交换的商品主要是农业产品和来自农村的手工业产品，因此商业也依附于农业。由于中国绝大多数朝代都实行的是"重农抑商"政策，商品经济发展不够充分，城市经济腹地狭小，城市工商业对周边区域农业的依附性更强。这正如明朝张居正所言："农不得力本穑以资商，则商病"。

我国一些学者认为古代希腊城邦文明是一个手工业和商业高度发达的文明，并由此推论出东方文明的本底是中国古代的农耕文明，而西方文明来源于古希腊的工商业特征。但事实上，希腊城邦文明同古代中国农耕文明一样是一个以农业而不是工商业为主导的文明，乡村的农业生产是城邦赖以存在和发展的决定性条件。

从古希腊的经济结构来看，农业是城邦的经济支柱，也是城邦最重要的经济来源。韦伯（M.Webber）认为，农业是古希腊城邦的基础。韦伯及其弟子对古代希腊的工商业进行了详细的分析，认为工商业只是为了满足城邦需要，而不是为了获得利润。芬利（M. Finley）在《古代经济》（1973）一书中指出：古代并不知道资本、资本积累、产品、需求与供给等词汇，不存在牟取最大利润或技术进步的观念，国家的经济政策目标是保证公民集团的消费，而不是发展生产或创造有利于工商业发展的环境，因而工商业在古代并不是占优势的产业[1]。而且，由于城邦中的商人都是没有政治权利的外邦人，所以不存在民族的工业与商业。

从观念上看，土地被认为是城邦最重要而且最可靠的财富，与城邦的命运紧密联系在一起，关系到城邦的存亡，所以雅典历史上的重大改革都以农业为中心议题[2]。农业是高贵的职业，而工商业则被看成是卑贱的职业。决定人们社会与政治地位的是农业和土地所有权，而不是手工业和商业[3]。古希腊历史学家色诺芬(Xenophon)认为：人的幸福仅仅依赖于农业，农业是最愉快和最有益于健康的经济部门；自由民不应该从事其他"粗俗的技艺"[4]。商人在古希腊城邦中所担当的角色

① （德）马克斯•韦伯著.社会与经济[M].林荣远译.北京：商务印书馆，1997.
② 李红梅.希腊古典文化的农业性特征[J].衡阳师范学院学报，2008，29(1)：102-105.
③ 黄洋.希腊城邦社会的农业特征[J].历史研究，1996(4)：96-106.
④ （希）色诺芬著.经济论[M].张伯健，陆大年译.北京：商务印书馆，1961.

与犹太人在中世纪城镇的基督教经济中所担当的角色相同：人们需要他，但并不喜欢他①。商人没有市民权利，不能参与其所在城邦的政治生活，而"参与政治"是古希腊城邦"公民"概念的核心，是区别"奴隶"的关键所在，其意义正如对传统中国人而言，"仁义礼智信"成为人之区别于禽兽的标准一样。

2. 城市在文化上依附于农耕文明

由于深受农业经济和小农生产方式的影响，农业社会的精英文化、宗教文化、民俗信仰和价值观也都根植于农耕文明。

中国古代精英文化的核心是基于农耕文明的儒家文化。孔子在周代建立的农业经济和宗法政治的基础上创立了以伦理道德为核心的文化体系，奠定了中国传统文化的原型。儒家思想认为，国以民为本，而民以食为天，农桑能为百姓提供最基本的生活资料，因而农桑既是民生的根本，又是国家的根本。受儒家思想的影响，中国历代精英文化都高度重视农业生产，把农业发展放在国家经济生活的首要位置②。封建帝王每年春耕开始时都会率文武百官行藉田礼，以示重农劝耕之意③。到宋明时期，随着中国的传统农业达到高峰，儒家文化的纲常伦理也更趋完善。

从价值观来看，由于土地是农业最核心的生产要素，人们的政治地位、财富多寡都由土地决定。同时家庭是农业的基本生产单位，因此形成"以土地为本，以家庭为本"的价值观念④。这也反映在不同职业的社会地位上，在中国古代职业地位是按照"士农工商"的顺序排列的，除了为官为吏之人和读书人之外，农为上（本），工次之，商人最后（末），聚集在城市中的手工业者和商人社会地位低下。此外，中国古代的生活习惯和习俗如纪年的方法、节庆的安排、艺术、服饰、饮食、方言等都是与农耕紧密联系在一起的。与此相对应的是，以工商业者为主体的市民阶层一直没有成为有影响的独立力量，城市自身文化和市民文化非常弱小，因此农耕文明广泛渗透在城市生活的各个方面。

古代希腊文明也是根植于乡村的。宗教是古希腊文明的精华和重要组成部分，每个宗教节日看似非常不同，表现方式各异，但宗教活动的内核和形式都是基于乡村农耕文明的。和中国农业社会一样，古代希腊宗教庆典的主要目的是祈祷丰饶和欢庆丰收等，因而宗教节庆以及与宗教节庆密切相关的宗教历法也是基于农业基础之上的。而且，献祭牺牲的羊、牛、猪等均来源于乡村，乡村的农业资源的数量和规模在很大程度上决定着城市宗教仪式的形式⑤。

---

① （美）芒福德著.城市发展史：起源、演变和前景[M]. 宋俊岭，倪文彦译.北京：中国建筑工业出版社，2005.
② 马振铎.儒家之光[M].上海：上海文艺出版社，2007.
③ 吕耀.中国农业社会功能的演变及其解析[J].资源科学，2009（6）：950-955.
④ 邹德秀.农业文化是中国传统文化的根底[J].杨凌：西北农林科技大学出版社，2006.
⑤ 解光云.多维视域下的古典雅典城乡关系[M].合肥：安徽人民出版社，2007.

综上所述，在农业主导的社会，农业既是城市发展的动力和基础，也是城市发展的主要制约因素。区域农业发展水平直接影响了城市发展速度和发展水平，在农业发达的地区，城市规模相对较大。比如中国唐代以前，由于中原地区、关中地区、成都平原地区是当时农业最为发达的地区，因而孕育了诸多历史悠久、规模较大、经济水平较高的城市。而唐代以后，中国南方地区的农业开发推动了长江下游地区城市的兴起和快速发展，成为中国城市最密集的地区之一。古代西方社会也是如此，从古代希腊和罗马的城乡关系看，城市的发展水平也主要取决于它周边的农业发展水平。这正如斯密（A.Smith）所言："假若人为制度不扰乱自然倾向，那就无论在什么社会，都市的富益与发达，都是乡村耕作改良事业进步的结果，且须按照比例于乡村耕作改良事业的进步"[①]。

3.1.2 城市规模：长期稳定

如第二章所述，有限性是自然资源最根本的特性。在特定的时间和空间范围内，农业发展所需要的光、热、水、土等要素是有限的，因而农业发展水平总体上是稳定的。吴慧估算了中国历代的粮食产量（表 3-1），从战国中晚期到清朝前期的两千多年里，中国虽然经历了一系列的农业技术和耕作方式的改良，粮食亩产量仅仅累计增加了 70% 左右[②]。

赵冈认为用余粮率来分析农业对城市发展的影响更为准确。余粮率即农民自我消耗后所剩余的粮食占粮食总产量的比重。在农业社会，城市居民主要靠本区域内农村所提供的粮食生存，于是农村的余粮率也就决定了城市的规模。余粮率可以通过每人平均粮食占有量反映，吴慧与赵冈分别估算了历代每人平均占有余粮的水平（表 3-2）。虽然绝对量出入比较大，但变动的方向与转折点是一致的。简而言之，从西汉到北宋，每人的平均粮食占有量是上升的。但从南宋开始，虽然农业生产力有所发展，粮食总产量在不断增加，但由于人口增加更快，因此每人平均粮食占有量是下降的。由此决定了中国农业社会城市发展也可自南宋为转折点分为两个阶段，前一阶段城市人口不但绝对量上升，而且占总人口的比重也缓慢上升。后一阶段城市总人口的绝对量没有明显增加，但是由于全国总人口在不断增加，因而城市人口的比重不断下降。这种趋势到 19 世纪中期达到最低，城市人口占总人口的比重由南宋的 22% 降到鸦片战争时期的 6% 左右（表 3-3）。余粮率的下降也导致首位城市（京师）的粮食供应圈不得不扩大，漕运的平均距离延长[③]。在 20 世纪以前，中国境内

---

① （英）亚当•斯密著. 国富论[M]. 郭大力，王亚南译. 上海：上海三联书店，2009.
② 吴慧著. 中国历代粮食亩产研究[M]. 北京：农业出版社，1985.
③ 赵冈. 中国城市发展史论集[M]. 北京：新星出版社，2006.

再也没有出现过宋时开封与临安那样的大城市。

中国历代粮食亩产   表 3-1

朝代	量亩折合		平均亩产量（石/亩）			折汉制（小石/小亩）			折今制（市斤/市亩）		同汉代比（%）	同前代比（%）
	一石合今市石	一亩合今市亩	合计	南方	北方	合计	南方	北方	平均	南方水稻		
战国中晚期	0.2	0.328 百步亩	2.63	—	—	2.31	—	—	216	—	−18.2	—
秦汉时期	0.2	0.288 百步亩	2.82	—	—	2.82	—	—	264	250	—	—
东晋南朝	0.2	0.324 百步亩	2.72	2.74	—	2.74	2.74	—	257	263	−2.84	−2.84
北朝	0.4	0.473 百步亩	2.25	—	2.25	2.75	—	—	257	—	−2.48	+0.03
唐朝	0.6	0.226 百步亩	0.94	—	—	3.57	—	—	334	344	+26.60	+29.6
宋朝	0.66	0.9 240 步亩	3.07	3.75	1.88	3.30	4.03	2.01	309	387	+17.00	−7.50
元朝	0.94	0.9 240 步亩	2.38	2.66	1.88	3.61	4.03	2.85	338	387	+28.0	+9.40
明朝	1.02	0.9216 240 步亩	2.33	2.64	2.02	3.72	4.21	3.23	346	368	+31.9	+2.40
清朝前期	1.03	0.9216 240 步亩	2.45	2.80	2.05	3.95	4.52	3.32	367	374	+39	+6.07

资料来源：吴慧.中国历代粮食亩产研究[M].北京：农业出版社，1985.

中国历代人均粮食占有量   表 3-2

朝代	吴慧的估算（市斤）	赵冈的估算（市斤）
西汉	963	574
唐	1256	716
宋	1159	906
清中叶	628	830
近代（1949 年）	418	418

资料来源：赵冈.中国城市发展史论集[M].北京：新星出版社，2006.

中国历代城市化率估算   表 3-3

朝代	城市化率（%）
战国（公元前 300 年）	15.9
西汉（公元 2 年）	17.5
唐（公元 745 年）	20.8
南宋（1200 年左右）	22.0
清（1820 年）	6.9
清（1893 年）	7.7
新中国成立（1949 年）	10.6

资料来源：赵冈 . 中国城市发展史论集 [M]. 北京：新星出版社，2006.

以上是中国农业社会城市发展的整体情况，从单个城市来看更能说明问题。绍兴城是春秋战国时期的越国都城，始建于越王勾践七年（公元前 490 年），至今已有 2500 年历史。25 个世纪以来，尽管行政管辖范围有大小不同的变化，但它始终是区域行政中心的所在地，有多个行政中心设置在这里，形成了县、府（郡）、州同城而治的格局。除南宋外，绍兴城市人口规模，大体在 10 万人上下浮动，其稳定性表现得十分明显。与城市人口稳定性密切相关的是城市用地规模的稳定性。越都城由勾践小城和山阴大城两部分组成，小城周长三里八十二步，大城周长二十里七十二步，两者相加为二十三里一百五十四步，按度地法和战国度量制换算，即为11639m。到民国初年，绍兴城墙保存完好，以后分两次拆除，合计为 13566m。与越都城建成之初相比，周长仅增加了 1927m，实际面积到 1980 年代测量为 8.32km²。在城市规模基本不变的前提下，城市空间结构也有超乎想象的稳定性，城市河网水系、路网结构、城门位置、市民住宅区、市场分布、功能布局等，尽管有着逐渐形成的过程，但一旦成形之后，基本长期稳定不变[①]。

西欧的情况也与之大体类似。西欧封建社会时期的农业生产力发展同样缓慢，农业生产力很长时期变化不明显。在 18 世纪，英国的一个农民还养活不了两个人，即除了自己以外还养活不了另外一个人。也就是说，即使在英国这个率先进行工业化的国家，农业增长也主要是靠耕地面积的扩大和人口的增加来实现的。法国的情况更为落后，直到 19 世纪，法国的农民一个人的劳动还养活不了另外一个人。农业长期缓慢的发展状态决定了西欧封建城市的发展速度和水平也非常缓慢，这种状况一直维持到西欧工业革命之前。

---

① 任桂全 . 一座中国传统城市的2500年：绍兴城市史概论[J]. 绍兴文理学院学报，2010(5)：1-8.

3.1.3 农业主导下城市的基本职能：政治统治

虽然农业发展是城市形成和发展的基础，但农业时代城市存在的根源在于政治统治的需要。由于农业是整个社会的基础与主体，农业和乡村因而是国家治理的焦点。权力机关和暴力机构是治理所必需的，而它们通常聚集在城市，因此城市是农业社会国家治理的载体。但单纯地依靠强制力是不能赢得民心的，统治阶级还必须将政治权力空间化（地域化），即通过城市建设来宣示自己权力的合法性。因而在农业社会，权力创造城市并决定城市的命运，城市生活围绕政治统治而发展。

中国古代早期"城"的出现，不是手工业与农业分离的结果，更不是由于商业贸易发展的结果，而是作为政治权力的工具与象征而出现的①。中国的城市体系是伴随着国家治理体系的建立和演进而产生和发展的，主要形成于西周和秦汉两个时期。周初，为了巩固和稳定统治地位，在政治上实施的一项重要举措即是"封诸侯，建藩卫"。周王把国都以外的广大地区分封给诸侯，各建邦国，诸侯也把土地和人民（奴隶）分封给同宗贵族卿大夫，卿大夫再赐予士。分封制的结果是在全国建立起许多统治和防卫中心，也就是出现了许多城市，住在城市里的人才是"国人"，城外为"野人"或"庶人"。秦始皇在统一中国之后，一方面创设了中央集权的皇权制度，另一方面在地方废除分封制代之以郡县制。汉代延续了这一做法，到西汉末期，全国县邑以上的城市共达 1587 个之多，形成了我国农业社会城市的主体，与官僚行政体系相适应的首都—郡城—县城三级城市体系也由此形成。此后历代王朝都动用大量的人力物力来营建以都城为中心的各级城市，以此宣示权力的合法性和正统性、凸显凌驾于臣民之上的国家权力，并在更大的空间范围内获取更多的权力。要推翻一个王朝的统治，也是以攻城作为标志的。

关于西方城市的产生，芒福德认为："在城市的形成过程中，国王占据中心位置，他是城市磁体的磁极，把一切新兴力量统统吸引到城市中，并置之于宫庭和庙宇的控制之下。国王有时兴建一些城市，有时将亘古以来只是一群建筑物的乡村改建为城市，并向这些地方派出行政官吏去代他管辖，不论在新建的城市或改建成的城市中，国王的统治使这些地区的城市，从形式到内容都发生了决定性的变化"②。

宗教是古希腊和古罗马城市形成的关键性制度，建立城市是宗教联盟和共同祭祀的需要。邦和城是两个不同的概念，邦是各家及各部落结合的宗教与政治团体，城是这个团体集会的地方及住处，即神庙所在地③，古希腊和古罗马早期的城市是城邦神权和世俗权力的中心所在。西方有很多关于城市起源的传说，即"神建城市"，

① 张光直. 关于中国初期"城市"这个概念[M]// 中国青铜时代. 上海：上海三联书店，1999：33-34.
② （美）刘易斯·芒福德. 城市发展史[M]. 北京：中国建筑工业出版社，1989.
③ （法）菲斯泰尔·德·古朗士著. 古代城市：希腊罗马宗教、法律及制度研究[M]. 吴晓群译. 上海：世纪出版集团，2005.

这本质上也是出于政治统治的需要。与此同时，城邦也通过神庙和广场建设来显示城邦保护神的威力和世俗权力的威信。罗马共和国后期和罗马帝国时期的皇帝一任接着一任地在欧洲建立罗马城镇，推广罗马的城市生活，主要原因在于罗马帝国出于军事征服和政治统治的需要而广泛建立权力中心，这些权力中心首先是作为军事据点或战略要地而建立起来，并在后来发展为统治一方的政治中心。

权力缔造了城市，权力的大小决定了城市的规模和影响力。农业时代城市中的手工业和商业是以政治中心为基础而发展起来的，并主要为统治阶级服务。手工业和商业的繁荣程度通常与城市在整个权力层级中所处的地位相联系，等级越高，城市中的手工业和商业也就更加繁荣。权势的消长往往就决定了城市工商业的兴衰，罗马城伴随着罗马帝国的衰落而衰落就是一个很好的例证：罗马城的衰落大致开始于公元 3 世纪初期，起初衰落十分缓慢，从公元 330 年起衰落的趋势加快，尤其是在君士坦丁大帝将首都东迁至君士坦丁堡以后尤为显著。西罗马帝国在公元 476 年灭亡后，罗马城便失去了罗马帝国政治中心的地位，从此衰落下去。在此后的近千年里，罗马城成为一个死城，手工业和商业完全失去了昔日的辉煌。中国古代都城迁移也是如此。

因此，农业时代城市的最基本功能是政治统治，城市是国家的政治中心和管理中心。但需要补充说明的是：对城市自身的管理也是按照乡村管理方式进行的，没有专门的城市政府。尽管我国古代在城市和乡村内分别有"坊"、"村"之分，但只是名称上的差异而已，在管理方式上没有本质差别，是一种城乡不分、以乡治城的治理模式，即"乡城合治"。即使在我国当时的特大城市中也是如此，如唐长安城以朱雀大街为界，分归长安县和万年县管辖。明清北京城也以城区中轴线为界分归大兴、宛平两县管辖。

3.1.4 农业时代城市空间模式

农业和农耕文明决定着农耕时代的人类社会发展的方方面面，也左右着农耕时代的城市建设，城市空间模式带着极浓的农耕色彩。

1. 基于早期农耕制度的城市形态

在农业社会里，耕作和土地制度是一切社会经济制度的基础，也是决定早期城市空间结构的重要因素。美国城市规划学家吉伯德（F. Gibbard）在论及各国早期城市形态时指出："早期农田由于要求划分土地使用权和便于实行耕作计划，常形成一些矩形地块"，"受耕作制度影响，早期城镇建设中往往采用直线划分格栅形小方块"，并认为"格栅形城市实际上是农人的创造"。这一关于古代城市空间结构形式来自于早期耕作制度的观点，已被国内外有关学者普遍接受。

在中国，早期城市空间结构形式深受以井田制为代表的早期农耕制度的影响。井田制是我国古代社会的土地国有制度，商时有文字记载，西周时盛行。道路和沟渠纵横交错，把土地分隔成方块，形状像"井"字，因此称作"井田"。井田的田制、沟渠制和田间道路制，对我国早期的营国制度产生了无可置疑的具体影响。《周礼·考工记》所记载的营国制度完全采用了井田制那套方格网系统，即把城市视为一大块井田，以"夫"为基本网格，"井"为基本组合网格，经纬涂（阡陌）为坐标来布局的，由此形成了早期城市方格网状的基本空间形制[1]。以井田制为原型的营国制度，对中国古代城市规划的概念、方法、理论和实践产生了极深远的影响，甚至被尊奉为经典性的制度予以诠释和贯彻实施。甚至直到明清时期城市的营建，也遵循着方正谨严的"画市井，立城郭"的基本模式（图3-2）[2]。

不仅中国存在过这样事实，其他国家的历史中也可以找到很多这类例子。在古代，采用直线划分土地是最为简便的方式。苏美尔人的泥板图案表明当时田地的形状是矩形的，英国原初居民凯尔特人的农场采用的也是矩形测量方式，古代罗马的"百分田"也是与井田制非常类似的一种土地制度。近代美国城市的矩形路网结构，很大程度上也是美国1785年《土地法令》所规定的对农业土地进行矩形划分制度的移植。因此，纵观世界各国早期城市的发展，都不乏方形城池的例子，只是在中国，因有其他因素的不断叠合，而表现得更为持久、稳定和普遍（图3-3）。

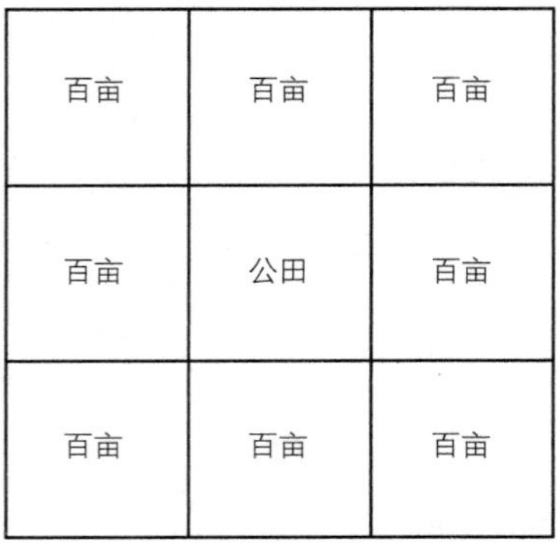

百亩	百亩	百亩
百亩	公田	百亩
百亩	百亩	百亩

民居	地廛廛市	民居
民居	王宫	民居
民居	社稷 宗庙 朝	民居

图 3-2 井田制空间格局 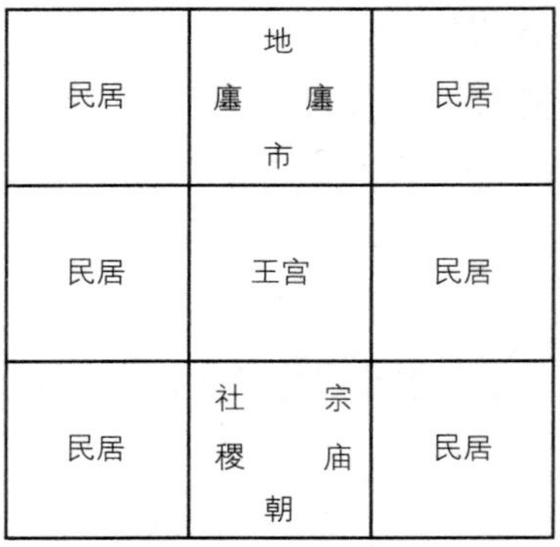　　　　　图 3-3 早期城市空间意象

（资料来源：胡俊 . 中国城市：模式与演进 [M]. 北京：中国建筑工业出版社，1995）

2. 权力支配下的城市空间格局

在农业社会中，权制既是普遍存在的制度文明形态，也是整个社会的共同观念。在中国，由于世俗政权主导着社会经济的演进，因此宫殿和衙署、城墙等建筑是国

---

① 贺业钜. 考工记营国制度研究[M]. 北京：中国建筑工业出版社，1985.
② 胡俊. 中国城市：模式与演进[M]. 北京：中国建筑工业出版社，1995.

家政权的象征，体现着政权的威严，在城市的空间形制中处于支配性地位，市场和民舍则处于被支配性地位。

基于"民非政不治，政非官不举，官非署不立"的认识，中国农业社会十分重视衙门的修建整饬。宫殿是皇帝居住和处理日常政务的地方，是皇权的象征，因此宫殿的选址、空间规划和建造设计历来为封建帝王所重视。为了强化皇帝的权威，历代都城规划建设都以超大的体量和居中的布局来达成这一目标。"中也者，天下之大本也"、"左祖右社"、"左文右武"等这些祖制，不仅规范了城市空间，同时也利用空间"驯顺"了人的行为[①]。在地方城市中，衙署是城市统治机关，"公宇观瞻，所以政令出焉"。州县衙署空间格局也仿效都城宫殿，尽可能布局于城市中心，宋平江城（今苏州）的衙署位于全城的中部子城内，就是典型代表。在地形条件不允许的时候，衙署往往占据有利地形，居高临下，如唐扬州城的衙署位于蜀岗之上，陕西神木县衙位于城的东北隅[②]。

城墙是中国农业社会城市的重要构成要素。在农业社会早期，筑城与建国几乎是同义语，所以受到统治阶级的极大重视。在实行分封制度的西周，诸侯取得封地后的第一件大事是修筑城墙。在实行郡县制的汉代，刘邦曾下令"天下县邑城"（公元前201年），即全国的县城都要修筑城垣，以成为坚固而完善的统治据点。章生道教授认为：在帝制时代……无城墙的城市中心至少在某种意义上不算正统的城市。城墙主要有两方面的功能：一是防御。坚固的城墙及其附属的护城河、箭楼、女儿墙、瓮城等一系列军事设施构成严密完整的军事防御体系，在冷兵器时代是保卫城市的主要手段，可以防止外敌入侵。二是作为国家权力的象征。为了维护政权的严肃性和政府的威严，城墙的体量和结构极具震撼力和观赏性[③]。而且从京城到省府州县，城墙规模由大到小均有定制，城市不得逾越，并一直持续到清代。

虽然农业社会中国城市基本都有政治意义上的"城"和经济意义上的"市"两重身份，但"城"的地位是显然大于"市"的，而且"市"明显附属于"城"。"市"虽可能一度繁荣昌盛，但总体上讲，"市"是因"城"而繁荣，因"城"而兴而辉煌[④]。在空间位置上，市也是因皇宫和衙署位置而定。

中国以体现世俗的统治秩序为中心，君王至高无上，城市中以皇宫和官署为中心。王城居中，中轴对称，反映了中国古代城市规划中皇权至上、以帝王为中心的思想。西方则以神学为中心，神和上帝至高无上。神权和宗教通常处于主导和支配性地位，因此卫城、神庙、教堂和广场也在城市中处于支配性地位，这些建筑通常

① 曹国媛，曾克明.中国古代衙署建筑中权力的空间运作[J]. 广州大学学报（自然科学版），2006（1）:90-94.
② 赵龙.从方志看宋代县衙署建筑群的布局[J].求索，2012（8）：120-123.
③ 王方.以城墙为特质的古都城市空间形态解析[J].浙江学刊，2010（3）:69-73.
④ 何一民.农业时代中国城市的特征[J].社会科学研究，2003（5）:122-126.

位居城市中心或城市中地势较高之处。

在苏美尔城邦时期，城市中有神庙、寺塔、王宫、城墙和房屋等建筑，但神庙是城邦观念的核心，参与祭祀城邦神表明城邦成员的资格。因此，古代两河流域城市的中心通常是塔庙，包括"高台"和"高庙"两个部分，塔庙通常位于城市的中心或城市的制高点。乌尔城是两河流域最早的古城之一，形成于5000年前，公元前25世纪前后发展为强盛的城邦国家，后来成为乌尔第三王朝的国都。位于该城中心的即是祭祀当时城市主神——月神的塔庙，塔庙高7层，高约21m。塔庙的周围还布置了各种税收和法律等衙署、商业设施、作坊、仓库等，成为这个城市的公共中心（图3-4）。

图3-4　乌尔塔庙复原图
（资料来源：白献竞，高晶.永恒的伊甸园 [M].北京：海潮出版社，2006）

在古代希腊和罗马，早期祭祀活动主要是在城邦的卫城进行，因此卫城通常位于城市的中心或制高点。雅典卫城就是建于城内一个陡峭的山顶台地上，山势险要，从卫城内可看到周围山峦的秀丽景色，既考虑了置身其中之美，又考虑了从卫城四周仰望它时的景观效果，表现出了对于制高点和视控点的强烈偏好（图3-5）。后来由于祭祀活动中心转移到广场，世俗权力也就取代城市保护神成为市民祭拜的主体，皇帝崇拜甚至成为罗马帝国官方宗教，因此在希腊化时期和罗马帝国时期，城市广场成为城市的中心所在。广场成为皇帝们为个人树碑立传的纪念场地，皇帝的雕像开始站到广场中央的主要位置，广场群以巨大的庙宇、华丽的柱廊来表彰各代皇帝的业绩。

在中世纪的西欧，与西欧弱小且分散的封建政权相比，强大而统一的基督教会不仅统治着人们的精神生活，甚至控制着人们生活的方方面面，《圣经》成了西欧社会的最高权威，支配城市空间格局的自然就是教堂。中世纪西欧城市的基本格局是在教堂前面形成半圆形或不规则的但围合感较强的广场。教堂与这些广场一起构成了城市公共活动的中心，而道路基本上是以教堂和广场为中心向周边地区辐射出去，并逐渐在整个城市中形成蜘蛛网状的曲折道路系统。而且教堂"巨大的形象震撼人心，使人吃惊……这些庞然大物以宛若天然生成的体量物质地影响着人的精神。精神在物质的重压下感到压抑，而压抑之感正是崇拜的起点"[①]。

图 3-5　雅典卫城复原图

（资料来源：http://www.athenasaori.com/bbs/read.php?tid=1314）

3.1.5　农业社会的城市规划

空间是权力的隐喻和象征，空间的形成和演进渗透着权力的逻辑。空间格局深刻地影响着人对空间的感知及其空间行为，因而空间具有规训民众行为和改造大众文化的功能。城市规划本质上是权力机构对于城市空间的利用和分配，被认为是"政府的第四种权力"，即和立法、行政、司法三种权力地位等同。同时，规划是一种衍生效应极强和影响范围极广的公共政策。因此，城市规划也必然是政治的，农业社会的权制文明和权力关系必然左右着农业社会城市的方方面面[②]。

古代中国关于城市规划和建设的论述分布于各种古籍和文献之中。在一些先秦史料中，有大量关于城邑和宫城建设的记述，如在《左传》《逸周书》中有关于城邑建设体制及城邑规模的记载。在《周书·召诰》、《周书·洛诰》、《逸周书·作雒》中有关于王城建设的记载，《周书·顾命》中有关于宫廷前朝后寝等规划制度的记述。

①　张京祥.西方城市规划思想史纲[M].南京：东南大学出版社，2005.
②　包亚明.现代性与空间的生产[M].上海：上海教育出版社，2003.

至于宗庙制度《仪礼》《周礼》以及其他金文史料也有不少的记载①。经常被提及的还有《吴越春秋》的"鲧筑城以卫君,造郭以守民,此城郭之始也",《越绝书》的"欲立国树都,并敌国之境,不处平易之都,四达之地,将焉立霸王之业。"此外,还有记载秦汉时期三辅的城池、宫观、陵庙、明堂、辟雍、郊畤等;历史地理类的《舆地广记》,记载从远古至宋郡县建制的沿革变化;名胜古迹类的《洛阳伽蓝记》,记载城市佛教寺院,等等。

所有古代史料中,经常被提及和引用的主要有两个,一是《周礼·考工记》所记载的:"匠人营国,方九里,旁三门。国中九经九纬,经涂九轨,左祖右社,面朝后市,市朝一夫……经涂九轨,环涂七轨,野涂五轨,环涂以为诸侯(城)经涂,野涂以为都经涂"。二是《管子·乘马》所记载的:"凡立国都,非于大山之下,必于广川之上;高毋近旱,而水用足;下毋近水,而沟防省;因天材,就地利,故城郭不必中规矩,道路不必中准绳"。很多人认为,《周礼·考工记》和《管子·乘马》分别代表了古代中国两种并行不悖的城市规划思想:前者是伦理的,强调礼制和秩序,突出皇权,对中国都城建设影响深远;而后者体现的是自然观和实用主义,主张从实际出发、不重形式、因地制宜、不拘一格,指导了地方城市的规划建设。

但实际情况并非如此,这里需要补充介绍一下中国文献分类的基本情况。正像中国传统文化有别于西方文化一样,中国古代书目分类和近现代西方的目录学或图书分类学也大相径庭。西方的文献分类与西方民主精神相一致,各个文献的关系是平等的,一般没有从属关系;而中国传统的文献分类与中国"政学合一"的思想相一致,文献间的关系是不平等的。四部分类法是中国传统学术体系中最具代表性的分类方式,包括"经"、"史"、"子"、"集"四部。其中"经部"是核,是学术核心的标准范式。传统学术研究的思路是通过"经部"明确规范,由"史部"借鉴经验,衍生"子部"诸"家",并由"集部"提供表达工具的完整方法。《周礼》是儒家经典,隶属于"经部";而《管子》是战国时各学派的言论汇编,内容很庞杂,应当隶属"子部"②。因此,从文献地位来看,《周礼·考工记》是高于《管子·乘马》的。前者是规范性的,是"道",记述的是我国城市规划的理想范式;后者是实践性的,是"术",是关于城市建设实践的思考,这也就注定了前者对中国传统城市空间的影响较后者更为深远。

因此,中国农业社会城市规划的核心目标是营国治野,以助于统治者获取或巩固权力。除了《周礼·考工记》的相关论述外,"夫天子以四海为家,非壮丽无以重威,且无令后世有以加也"和"建都定鼎,树阙营宫,以为非巨丽无以显尊严,非雄壮无以威天下"等也进一步凸显了农业社会对都城营建的基本思想。地方城市规

① 贺业钜. 中国古代城市规划史论丛 [M]. 北京:中国建筑工业出版社,1986.
② 汤晔峥. 泛论传统城市建设体系——中国传统哲学的启示 [J]. 城市规划,2008(11):56-61.

划也是如此，如清代祁阳知县王颐也论述了地方城池的营建与国家治理的关系："古今建邦设邑，皆必壮其声与势，而后规模立焉。盖达天下之气也以声，而聚天下之形也以势。其所为得声与（执）[势]者，千秋上下，又莫不以营建成之。大哉营建，信有关于政治也。"他还特别强调鼓楼"盖县治首起嵯峨以耸斯民观听者"，城壁楼橹之立可"振民之力而使兴也，动民之情而使和也，呼民之性而使觉也。仰之使知所载也，望之使知所归也"。也就是说，营建城壁楼橹，有助于树立官府的权威，凝聚"民心"，最终达到稳定统治秩序的目的[①]。

西方古代城市规划起源于公元前 5 世纪古希腊法学家希波达姆斯，他遵循古希腊哲理，探求几何和数的和谐，以取得秩序和美。采用了一种几何形状的，以棋盘式路网为城市骨架的规划结构形式。城市典型平面为两条垂直大街从城市中心通过，中心大街的一侧布置中心广场，中心广场占有一个或一个以上的街坊。希波达姆斯根据古希腊社会体制、宗教与城市公共生活要求，把城市分为三个主要部分：圣地、主要公共建筑区、私宅地段。公元前 475 年左右，他主持了希腊海港城市米利都的重建工作，成为这种模式的典范（图 3-6）[②]。这种模式因为整齐划一、管理方便，很快就成为殖民者治理规划殖民地的常用手段，此后古希腊城市，特别是地中海沿岸的希腊殖民城市都采用了这种模式。此种模式为城市的专制主义的滋生创

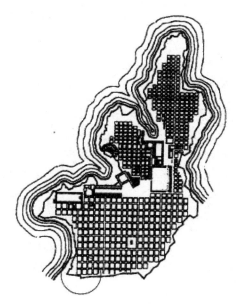

图 3-6 米利都城规划图

（资料来源：张京祥. 西方城市规划思想史纲 [M]. 南京：东南大学出版社，2005）

---

① 永州府志：艺文志·记·重建（祁阳县）鼓楼记（1992 年影印本）[M]. 北京：书目文献出版社，1992.
② 张京祥. 西方城市规划思想史纲[M]. 南京：东南大学出版社，2005.

造了条件 [1]，也为后来城市生活的活力以及城市的进一步发展带来了桎梏。此外，在西方，也有与我国古代类似的以城市建设和空间营造来帮助统治者获取或巩固权力的论述，典型的如路易十四的首辅大臣在一封上书路易十四的信中说道："如陛下所知，除赫赫武功外，唯建筑物最足以表现君王之伟大与气概"。

3.2 矿产资源主导下的城市发展

3.2.1 矿业城市概述

矿产资源与城市发展的关系和农业与城市发展的关系一样悠久。近年来，保加利亚的考古学家发现了公元前 4700 年至公元前 4200 年的小镇，与两河流域最早的城镇出现的时间大体相当。当时这个小镇上居住着大约 350 人，主导产业是制盐，当地居民将含盐的泉水烧制成盐砖，用作贸易和保存肉类。这是人类迄今为止发现的最早的专业性矿业城镇。

大约从公元前 3000 年开始，两河流域、印度河流域、埃及和中国相继进入青铜时代。青铜成为制造礼器和兵器的主要材料，对铜和锡矿石的需求大幅度增加，人类历史迎来了第一个矿业活动高峰。考古资料表明，当时存在大量的矿石开采、冶炼、铜器制造一体化的矿业城镇。

在古希腊时期，采矿业是各个城邦的一个重要经济部门，主要包括金、银、铜和铁矿等的开采。特别是铁矿的开采较为普遍，这从出土的大量铁制工具得到证实。在古代雅典，采矿业甚至是城邦的一项重要收入来源。公元前 5 世纪，雅典的劳里昂银矿使用奴隶多达万人，正是银矿的收入使雅典建起了强大的海军。

在我国，早在战国时代，邯郸、宛（河南南阳）已经成为冶铁业发达的地方，安邑（今山西运城）为煮造池盐的著名产地。宋代以后，资源型城市已经非常典型（表3-4）。如景德镇，据嘉靖时王宗沐记载："景德镇民以陶为业，弹丸之地，商人贾舶与不逞之徒皆聚其中。"另据嘉靖十九年(1540 年)的记载："浮梁景德镇以陶为业，聚佣至万余人。"万历时萧近高说："镇上佣工，皆聚四方无籍游徒，每日不下数万人。" [2] 但在以农业为主导的社会里，农业在国民经济中占统治地位，矿业仅起着补充作用，因此除少数因矿而生的城市外（如我国的自贡和景德镇），其他与矿产资源开采有关的城市仍呈现出典型的农业主导下城市的特征。

---

① 洪亮平.城市设计历程[M].北京：中国建筑工业出版社，2002.
② 刘吕红.清代资源型城市研究[D].成都：四川大学博士学位论文，2006.

我国早期的矿业城市   表 3-4

资源类型	代表性城市	资源开发朝代	资源中心形成朝代	资源型城市（镇）形成年代
煤	颜神（今博山）	唐末	北宋	元朝
盐	富荣（今自贡）	西汉	北周	清前期
铁	佛山	秦	五代	明末清初（北宋时期为商业市镇）
铁	大冶	三国	唐代	宋初
瓷	景德镇	东汉	陈（南朝）	清前期
铜	铜官（今铜陵）	商周	东汉	南唐

资料来源：刘吕红．清代资源型城市研究 [D]．成都：四川大学博士学位论文，2006.

进入工业化社会以后，矿产资源的开发利用成为支撑三次工业革命的重要物质基础：第一次工业革命以煤和铁等为基础，第二次工业革命以石油和铝、铜、铅、锌等有色金属为基础，第三次工业革命则是大量地使用稀土和各种稀有元素。在当今社会，支持经济发展的 95% 以上的能源和 80% 以上的工业原料来自矿产资源。

伴随着三次工业革命，西方兴起了一大批矿业城市。典型的城市如英国的伯明翰、纽卡斯尔、加迪夫、谢菲尔德，法国的洛林，德国的鲁尔区，美国的匹兹堡、休斯敦，加拿大的卡尔加里，苏联的顿巴斯、巴库、磁山等。

我国近代矿业城市发端于鸦片战争后的半殖民地半封建社会。随着西方列强对中国矿产资源的大肆掠夺、洋务运动和民族工业的发展，一些矿产资源产地逐步发展为矿业城市。如 1878 年，慈禧太后准奏开办开平煤矿，由此逐步形成了矿业城市唐山。从鸦片战争开始直至 1949 年，我国已拥有各类近代矿业城市 22 座。新中国成立后，在优先发展重工业的战略引导下，矿业城市得到了进一步快速发展，先后兴起大庆、攀枝花、东营、白银、金昌等一大批矿业城市，在我国国民经济发展中具有举足轻重的作用。

由于对矿业城市的界定标准不同，因此其所包含的具体城市也有所差异。周一星等的研究认为，1990 年全国有高度专业化的采掘业城市 21 座，采掘业城市或采掘业占重要地位的城市 47 座，共 68 座 [1]；刘云刚根据发生学分类研究认为我国共有矿业城市 63 座 [2]；王青云的研究认为我国共有矿业城市 118 座，其中典型矿业城市 60 座 [3]。三项研究公认的矿业城市 37 座（表 3-5）。

① 周一星，孙则昕．再论中国城市的职能分类[J].地理研究,1997(3)：11-21.
② 刘云刚.中国资源型城市的发展机制及其调控对策研究[D].长春：东北师范大学博士学位论文,2002.
③ 国家计委宏观经济研究院课题组.我国资源型城市的界定与分类[J].宏观经济研究,2002（11）：37-59.

我国矿业城市名单   表 3-5

研究者	公认的地级矿业城市	认识不同的地级矿业型城市
周一星等	盘锦、濮阳、克拉玛依、大庆、玉门、东营、晋城、朔州、霍林郭勒、义马、七台河、鹤岗、双鸭山、鸡西、铁法、古交、阜新、大同、牙克石、辽源、北票、淮北、乌海、铜川、鹤壁、平顶山、六盘水、阳泉、石嘴山、敦化、铁力、霍州、新泰、萍乡、淮南、攀枝花	锡林郭勒、东川、满洲里、武安、浑江、尚志、耒阳、珲春、华阳、汝州、禹州、应城、河间、泸州、韶关、赤峰、娄底、长治、黄骅、瑞昌、莱西、平度、滕州、合山、资兴、任丘、丰城、枣庄、韩城、莱芜
王青云		抚顺、介休、唐山、焦作、徐州、肥城、茂名、鞍山、本溪、嘉峪关、马鞍山、白山、个旧、金昌、白银、铜陵、德兴、冷水江、自贡、合山、资兴、任丘、丰城、枣庄、韩城、莱芜
刘云刚		孝义、介休、满洲里、锡林浩特、根河、阿尔山、抚顺、本溪、葫芦岛、珲春、松原、临江、和龙、铜陵、马鞍山、德兴、邹城、冷水江、东川、个旧、白银、金昌、库尔勒

资料来源：赵景海.资源型城市空间发展研究 [D]. 长春：东北师范大学博士论文，2006.

根据资源开采与城市形成的先后顺序，矿业城市可分为两种类型：一种为"先矿后城"，即城市的产生完全是因为矿产资源开采，如大庆、金昌、攀枝花、克拉玛依等。另一种为"先城后矿"，即在矿产资源开发之前已有城市存在，矿产资源的开发加快了城市的发展，如大同、邯郸等。由于"先矿后城式"矿业城市的特色更突出，因此本书重点分析这一类城市（表 3-6）。

中国矿业城市的历史—区域基础   表 3-6

	先城后矿 (12)	先矿后城 (51)
历史城市（12）	徐州 (1945 年)、大同 (1949 年)、辽源 (1948 年)、萍乡 (1949 年)	唐山 (1938 年)、抚顺 (1937 年)、阜新 (1940 年)、鞍山 (1937 年)、本溪 (1939 年)、鹤岗 (1945 年)、自贡 (1939 年)、焦作 (1945 年)
新城市（51）	晋城 (1983 年)、朔州 (1988 年)、濮阳 (1983 年)、资兴 (1964 年)、敦化 (1985 年)、莱芜 (1983 年)、丰城 (1988 年)、韩城 (1983 年)	义马 (1981 年)、鹤壁 (1957 年)、平顶山 (1957 年)、合山 (1981 年)、大庆 (1960 年)、双鸭山 (1956 年)、七台河 (1970 年)、古交 (1988 年)、淮北 (1961 年)、铜陵 (1958 年)、伊春 (1958 年)、铁力 (1988 年)、枣庄 (1960 年)、牙克石 (1984 年)、霍林郭勒 (1985 年)、德兴 (1990 年)、霍州 (1989 年)、介休 (1992 年)、鸡西 (1957 年)、北票 (1985 年)、阳泉 (1951 年)、淮南 (1951 年)、白山 (1960 年)、冷水江 (1960 年)、茂名 (1959 年)、东营 (1982 年)、新泰 (1982 年)、铁法 (1986 年)、盘锦 (1984 年)、肥城 (1992 年)、任丘 (1986 年)、克拉玛依 (1958 年)、玉门 (1955 年)、金昌 (1981 年)、白银 (1985 年)、个旧 (1951 年)、乌海 (1976 年)、石嘴山 (1960 年)、铜川 (1958 年)、六盘水 (1978 年)、嘉峪关 (1965 年)、马鞍山 (1956 年)、攀枝花 (1986 年)

资料来源：刘云刚.中国资源型城市的发展机制及其调控对策研究 [D]. 长春：东北师范大学博士学位论文，2002.

3.2.2 矿业城市的基本特征

虽然同为资源主导，但由于矿产资源的非再生性和分布的非均衡性，矿产资源主导下的城市与农业主导下的城市存在很大的差异。矿业城市通常具有如下两个显著特征。

1. 资源开发状况主导城市的兴衰

与农业主导下的城市不同，矿业城市的产生没有经过漫长的准备和积累阶段，而是随着矿产资源的发现或市场需求而在短时间内启动。矿业城市经济高度依赖于矿产资源的开采和初加工，通常产业结构单一，因而矿产资源开发状况决定了矿业城市的兴衰。矿业城市的存在和发展主要取决于矿产资源开发量，而矿产资源开发量又取决于资源储量和市场需求两个方面。伴随着矿产资源储量和市场需求量的变化，矿业城市的发展呈现出农业主导下城市所不具有的显著的阶段性特征，学者们通常将矿业城市的生命周期划分为形成期、扩张期、繁荣期和衰退期四个阶段（图 3-7）[1]。

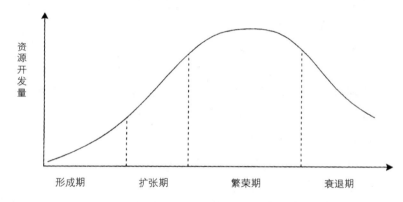

图 3-7　矿业城市的生命周期与发展阶段示意图

（资料来源：刘力钢，罗元文. 资源型城市可持续发展战略 [M]. 北京：经济管理出版社，2006：66）

美国"淘金热"时期兴起的城镇和我国玉门的兴衰是资源主导城市兴衰的典型案例。美国加利福尼亚州和内华达州相交的山区以前是人迹罕至的区域，几乎不存在城镇。1848 年天然黄金的发现引发了人们从世界各国前来淘金，一大批城镇迅速崛起。但随着浅层矿产资源的枯竭，相当一批城镇很快就人去城空，成为很少有人涉足的"鬼镇"。玉门是中国第一个天然石油基地，被誉为"中国石油工业摇篮"。1939 年 8 月 11 日，中国第一口油井在此出油。玉门 1955 年建市，鼎盛时期人口达到 13 万。但随着石油资源的枯竭，油田基地搬离，市政府西迁至 70 多公里外的玉门镇新城，数万居民外迁，昔日辉煌的玉门城如今几乎成了一座空城。

2. 城市基本职能：资源采掘与管理

由于矿业城市存在和发展的基础是资源开发，因此矿产资源采掘和对其管理是

① 刘力钢，罗元文. 资源型城市可持续发展战略[M]. 北京：经济管理出版社，2006.

城市的基本职能。前者容易理解，下面重点分析后者。

矿业对古代社会发展有着重大的政治影响，主要原因在于：①对矿产资源的争夺是人类历史上大小战争的主要动因。在整个人类历史进程中，获取和控制资源一直是国际紧张和武装冲突的根源。即使在农业主导的社会，虽然战争通常与掠夺土地和劳动力有直接关系，但因争夺矿产资源而引起的战争也不少见。如在14~15世纪资本主义萌芽时期，西班牙和葡萄牙等国的商人和封建主急于探求通往东方道路的主要目的是寻求贵金属黄金和白银。对此，恩格斯曾指出："葡萄牙人在美洲、印度和整个远东寻找的是黄金，黄金一词是驱使西班牙人横渡大西洋到美洲去的咒语，黄金是白人刚一踏上一个新发现的海岸时所要的第一件东西"。进入工业化社会后，谁掌握了资源，谁就能控制世界。因此，国际关系和国际冲突与矿产资源的关系更为密切，两次世界大战和中东危机等都与矿产资源具有直接的关系。②开采铜、铁、金、银是制造兵器与货币的需要，直接与国防及财政有关。铁冶、煮盐和铸钱是封建社会国家的三大财政来源，历代王朝当国库亏空、经济困难时，开发矿山通常是首选之策。③开采和加工矿产资源往往会聚集大量的人口，为避免矿工聚众闹事，统治者也需要加强管理。

因此，历朝历代统治者都高度重视矿产资源的开发管理，《管子》提出的"官山海"就是指封建社会国家控制山林川泽的资源，其中重要的为矿产和盐业资源。我国矿产资源的开发从春秋战国以来一直以官营为主，在一些朝代虽也有短时期或局部地区对某些矿种的放宽政策，但也都在政府掌控之下。汉设铁官、唐设盐铁使、宋设坑冶监，这些都是官方的矿业监督管理机构。

作为这些矿业监督管理分支机构的所在地，矿政也因而成为矿业城市的基本职能之一。如山西运城是元末兴建，明清时代发展起来的一座盐业专城。运城古名潞村，位于山西南部，濒临河东盐池。元初潞村尚是"弹丸一乡镇"。元太宗八年（1236年），盐运使姚行简绘图献议后，立运司于潞村。至正十六年（1356年），那海德俊任盐运使时始筑城，初名凤凰城，后因是盐运司所在地，而名运城，此即运城兴建之始。明初沿元制，设立了河东都转运盐使司，由盐运使总理河东盐政。成化九年（1473年）明政府又增派巡盐御史驻运城，以监临盐政。由此，盐政成为运城兴起的关键和封建社会时期城市的主导职能。

再如我国"煤都"抚顺，矿政也一直伴随着城市的兴起和发展。抚顺是清王朝的发祥之地，又处在清永陵、福陵之间，被清政府视为"龙脉之地"，为保护"风水"，在抚顺挖煤之举一直被清政府所严禁。一直到光绪二十二年（1896年）清政府制定的《奉天矿务章程》中还规定："无碍三陵者，方准开采，有碍者一概封禁"。1901年，两位民族资本家开启了抚顺煤炭开采的历史。1905年日本军事占领抚顺以后，强行霸占了抚顺煤矿。在日本占据抚顺煤矿期间，先后成立了一系列重要机构以加强对矿区的控制。1905 年 5 月 1 日,日军在占领抚顺后成立了"抚顺采炭所",同年 9 月以"第一采炭所"取代"抚顺采炭所"。1907 年 4 月 1 日,抚顺"第一采炭所"改属新成立的满铁,称为"满铁抚顺炭坑"。1918 年,抚顺炭坑改称"满铁抚顺炭矿",该机构成为日本占领时期抚顺煤炭开采、工业和城市建设的主导机构。抚顺早期城市的兴起和发展,全是满铁依托抚顺炭矿生产而渐次推进的结果。

3.2.3 矿业城市的空间模式

由于矿产资源对城市经济发展的主导性和矿政管理对城市职能的主导性,资源型城市的空间结构深受矿产资源分布和矿政管理机构布局的影响。具体表现为以下两个显著特点。

1. 城市空间格局以资源开采为中心而展开

由于资源开采是矿业城市的首要职能,因此矿业城市空间布局围绕资源的开采而展开,要旨是为资源的开发利用提供最大程度的便捷,城市空间布局具有明显的生产导向性。矿业城市早期城市空间的形成受矿产储量、开采条件和交通状况的影响,哪一片区域存在较为丰富的矿产资源,就选择在此地投资建矿。为了加速资源开发,大量人口加入到矿业生产中,在煤矿附近选择一块位置较好、地形较为完整的地块作为居住区,再因需布置一些简陋的生活设施。因而矿业城市发展初期通常依矿定点、缘矿建城,受矿产资源开采"大集中、小分散"分布的影响,城市空间结构分散,布局凌乱。城市随着资源开发的地域扩展,往往呈现出"点多、线长、面广"的松散形态。在一些资源型城市,由于矿产勘探水平或开采技术制约,通常会产生"城随矿转"的现象(图 3-8)。

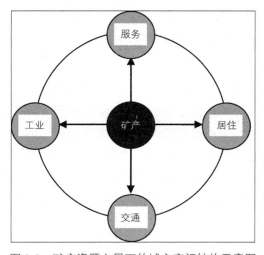

图 3-8　矿产资源主导下的城市空间结构示意图

抚顺的近代采煤业是从抚顺千金寨、杨柏堡和老虎台三个地方开始起步的，因此近代抚顺的城市雏形从千金寨开始。1907年，满铁经营千金寨矿坑后，从日本国内抽调大批采煤技术人员携妻带子来到这里，来自日本的各种投机者、艺妓、浪人、冒险家、商人也接踵而至。随着煤炭开采规模的扩大，移居千金寨的中国劳工也愈来愈多。千金寨逐步成为东北地区最为繁华的矿业城市，成为当时抚顺的政治、经济、文化中心，与哈尔滨、长春、大连并称为东北四大工业都市。当千金寨不断扩大发展之时，日本的地质勘探表明，千金寨新旧市街下贮藏着巨大的特厚煤层，而且距地表近，特别适合露天开采。1930年代初日本殖民者作出了"搬迁千金寨，将城市中心转移到浑河南岸永安台地区"的决定，这就促成了千金寨市街的搬迁，它造成了抚顺城市中心的转移，是抚顺近代史上极为重要的事件。1930年代以后，随着煤矿开采规模的扩大，抚顺形成了"五矿一坑"，即西露天矿、老虎台矿、龙凤矿、胜利矿、东露天矿和深部坑的煤矿开采格局。城市格局也以浑河为轴线逐渐发展为带状分布，工人居住区、生活服务设施和工厂根据采煤点就近布置（图3-9）[①]。

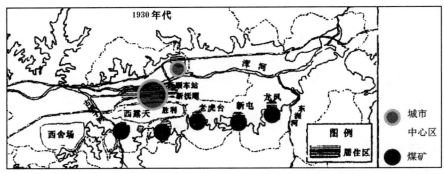

图 3-9　1930 年代抚顺城市空间结构示意图

（资料来源：刘泓，抚顺城市主导要素演替与规划转型研究[D]. 中国人民大学硕士论文，2014）

2. 城市发展初期矿政管理机构通常居于城市中心，到发展中后期则出现双核心格局

在发展初期，矿政管理机构是城市的唯一管理机构，为便于对整个矿区矿业和人口的管理，矿政管理机构通常位居城市中心。如古代运城城内外分布了大量的盐务机关，在城市布局中，巡盐察院在运城城市空间布局中处于最核心的位置，其他附属设施沿着东西南北四条干道延伸，"巡盐察院居其中，左鼓楼，而右谯楼，运司、分司文武各员皆在城内街场棋布，衙署星罗，仓库坛庙无不备具"。

但随着城市规模的扩大和其他产业的发展，国家通常会设置新的城市管理机构

---

① 朱晓明，任真. 满铁时期抚顺煤矿发展与城市空间演变[J]. 中国名城，2013（2）：44-52.

或地方政权，由此形成矿政管理机构和城市管理机构共治的格局，城市空间结构呈现出双核心格局。如清代东川铜矿开采中，政府官员管理地方，"七长们"管理矿区。城市空间结构形成政府衙门和矿区管理中心，两个中心相对独立、相互影响。

新中国成立以后，我国因资源型企业而兴建或是重新复兴的城市大都是实行政企合一的管理体制，因此城市空间结构呈现出以相应企业总部为中心的格局。但在1980年代以后，随着国企改制和新的地方政府组织的建立，矿业城市开始形成以国企总部为中心的老城和以新的地方政府为中心的新城并行发展的双中心结构[①]，石油城市东营就是其典型。

3.2.4　矿产资源主导下的城市规划

由于矿业城市的核心职能是资源开采与管理，因此矿业城市规划的核心是服务资源开采的顺利进行。为保障矿业开采的顺利进行，在矿业城市建设初期基本上都会按照"先生产，后生活"的原则，矿区规划建设服务于资源开发。下面以抚顺为例进行具体阐述。

在日伪时期，为了长期占领抚顺，日本侵略者先后制定了《千金寨新市街计划》、《抚顺新市街计划》、《抚顺市都邑计划》等城市建设规划。这些规划主要是为了经济掠夺和殖民统治而服务的，重点是加速煤炭开采及巩固殖民统治。规划设计的城市工业用地、居住布局、环境保护、道路交通都只集中在重点建设区，工厂和居民区混杂、城市压煤严重、整体格局紊乱，给新中国成立后的城市建设造成了巨大的困难。

《千金寨新市街计划》将整个市区设计为矩形，以火车站北面为市区中心，市街的东面大部为"满铁"炭矿职员住宅，西半部定为一般居民租赁地，新建的新市街与中国人居住的旧市街由城壕隔开，只在新市街内规划建设两个公园以及道路和给水排水等基础设施。新市街计划制订后，高楼大厦和服务性商业纷纷建设，日本人由旧市街陆续搬到新市街，使得新市街展现出繁荣的都市景象。而中国人居住的旧市街既没有规划，也没有基础设施建设，生存环境十分逼狭恶劣，与新市街形成鲜明对比。

为了加速煤炭开采，日本侵略者制定《满铁附属地的市街规划（1918-1937年）》以指导旧城中心"千金寨"的搬迁和露天矿挖掘规模的扩大（图3-10）。当时千金寨位于抚顺西部煤田之上，南边紧靠已经开采的古城子露天矿的边缘，城下煤矿蕴含量丰富。1919年3月，日本侵略者作出将千金寨的新旧市街搬迁到永安台与东乡矿之间高地上的决定。永安台的新市街规划仍将火车站作为城市的核心位置，以

① 夏英煌，张家义，袁光平.中国矿业城市发展道路的选择[J].中国国土资源经济，2004(7)：20-24.

火车站为中心将新市街分为南北两个地区，铁道北部规划为粮栈的集中地区，南部为商业区，东部丘陵地带的永安台是日本侵略者的居住用地，西部地区作为一般的市街建设用地，而中国人则杂居在西南部。在东、西、南建三个公园，并在市街住宅区配备基础公用设施和生活福利设施，沿浑河修建防洪土堤。

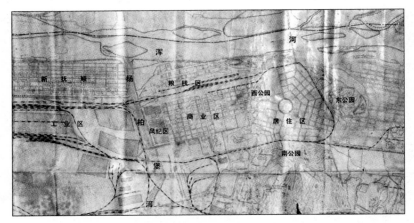

图 3-10　满铁附属地的市街规划（1918-1937 年）

（资料来源：朱晓明，任真.满铁时期抚顺煤矿发展与城市空间演变 [J].中国名城,2013(2):44-50）

　　伪满洲国成立后，为了增强工业开发建设，扩充经济实力，伪满政府着手编制《抚顺都邑计划（1937-1945 年）》（图 3-11）。这一版规划根据抚顺的地形特点，优先重点确定工业用地，逐步使抚顺发展成一个分散的带形城市，奠定了抚顺城市空间结构的基础。规划以抚顺火车站为中心，东约 13km，西约 5.5km，南约 4km，北约 4km，总计约 187km²。计划从大瓢屯开始建住宅区，配套商业和公共建筑，并逐步向大瓢屯以西，铁路以北继续发展 23km²，最后基于浑河附近的既有基础，扩展建设 19km²。

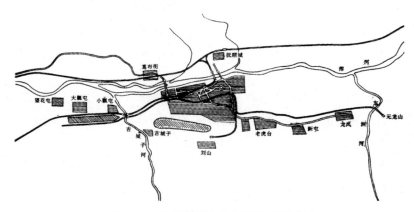

图 3-11　抚顺都邑计划（1937-1945 年）

（资料来源：汤士安.东北城市规划史 [M].辽宁大学出版社，1995）

新中国成立以后，抚顺城市规划的主要任务依然是为煤炭工业服务。1953年，抚顺城建规划部门围绕"矿山和工业恢复与发展"的主题，结合抚顺现状特点编制了《抚顺市城市整体改造计划初步轮廓方案》及东州、望花住宅区配置图，这是抚顺于新中国成立后城市规划的第一张蓝图。1954年，根据全国及辽宁省城市规划工作会议精神，又对该市的历史、地理、人口、土地、自然概况、城市布局、特点、性质等进行了全面的调查研究，在此基础上编制了1954年抚顺城市发展规划。1957年，这部规划由国家城市建设部正式批准实施，规划期限为25年（1958~1982年）。

作为新中国成立后的第一版正式规划，规划将城市性质定为以燃料工业为主的综合性重工业城市；城市人口规模控制在70万~80万人；城市用地控制在124km²，提出保留原有工矿区，产业和生活区以浑河自然隔离，城市生活区主要向浑河北岸发展，产业区在浑河南岸，生活和生产由自然岸线分隔。规划中的城市中心地区由原浑河南岸的站前移向河北二道房附近，向北发展至高尔山下，东至大甲邦，西至葛布街，面积约3000hm²。为了配合工业企业发展与便利职工通勤，在煤矿、重机厂、电瓷厂等国营工业企业附近成街成片修建职工住宅区，规划形成"河南旧市区、东洲居住区、望花居住区、河北居住区、南部工人村"五大布局（图3-12）。

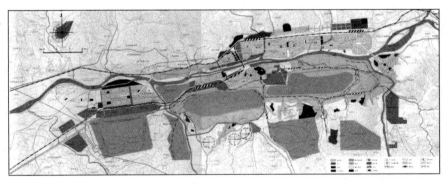

图 3-12　抚顺城市总体计划（1958-1982 年）

（资料来源：刘泓．抚顺城市主导要素演替与规划转型研究 [D]. 中国人民大学硕士论文，2014）

第四章

资本主导下的城市发展与空间规划

4.1　资本主导下的城市发展

著名经济学家布利斯（C.J.Bliss）曾说过："经济学家如果能对资本的认识达成一致，那么其他所有对经济问题的争论就将迎刃而解"，资本的性质决定了经济学难以对资本形成一致的理论。资本本质根源于价值，而价值又涉及价值观问题，每个人对此都有不同的看法。从资本产生的历史和发展的过程来看，资本并不是资本主义社会独有的概念，而是伴随社会生产力和商品经济发展的产物，并随着社会经济的发展而不断演进。

4.1.1　资本形态的历史演进

一定的生产力水平对应着一定的资本积累模式，当生产力不断推进并引起与资本积累相关的因素和环境发生变化后，为了获得更高的利润率，资本积累方式必然发生相应的变化①。马克思在《资本论》中明确地把资本分为"古老的形式"和"现代的形式"两个阶段。前者是指在资本主义生产方式产生以前就已经存在的借贷资本和商业资本。它们是商品经济的产物，一个社会只要存在商品经济就必然存在这两种资本。资本最先产生于流通领域，在农业主导的社会里，生产是具有家庭性质的，无论多余的是农副产品还是手工业品，都是以家庭为单位生产出来的。商人作为商品生产和商品消费的桥梁，他们收购和销售商品的过程就是资本的最初循环，即"货币—商品—更多的货币"。

产业资本是在商业充分发展的条件下从商业资本内孕育出来的。在农业主导的社会，商品的种类和数量受制于农业生产。为了突破这一制约，一部分商人开始将自己经商获得的利润转移到商品生产上，通过扩大生产规模和技术进步来扩大商品种类和规模，由此形成了产业资本。随着生产的扩大，产业资本取代商业资本成为资本的主导形态，由此促成了工业革命的发生。而曾经辉煌近千年的威尼斯商人正是由于没有及时将商业资本转化为产业资本，导致其在 18 世纪后因英国产业资本的兴起而衰落。马克思在《资本论》中所说的"资本的现代形式"，也就是在他所处时代的资本主义经济中居于统治地位的产业资本。

产业资本的快速发展促进了不同资本形态的专业化分工，加速了资本的运动和生产规模的扩大，由此导致对货币资本的需求量越来越大，速度要求越来越快，因而货币资本逐渐从产业资本的运营中独立出来形成了金融资本。它相对于产业资本独立发展，为其最终掌控产业资本打下了坚实基础。在这背后起推动作用的，则是

---

① 王莉娟. 金融资本的历史与现实 [J]. 当代财经，2011 (5)：25-32.

日渐发达的信用制度。早在 20 世纪初，列宁在《帝国主义是资本主义的最高阶段》就指出，垄断是帝国主义最本质的特征，金融寡头是垄断资本主义的真正统治者。掌握庞大金融资本的金融寡头，在经济领域实现全面统治的手段是通过"参与制"控制比其自有资本大得多的他人资本，从而实现对整个国民经济的统治；在政治领域，通过"个人联合"的方式，金融寡头亲自出马或委派代理人担任政府要职，同时建立各种影响政府政策的机构，名义上是经济协调机构，实质上就是政府政策的策划者[①]。

4.1.2 资本对城市发展的重要意义

资本对城市发展的重要意义首先可以通过纳克斯的贫困恶性循环理论得以说明。1953 年，哥伦比亚大学的纳克斯（R.Nurkse）在《不发达国家的资本形成》一书中提出了贫困恶性循环理论。纳克斯认为，资本匮乏是阻碍发展中国家发展的关键因素。由于发展中国家的人均收入水平低，投资的资金供给（储蓄）和产品需求（消费）都不足，这就限制了资本形成，使发展中国家长期陷于贫困之中。

贫困恶性循环理论包括供给和需求两个方面。在供给方面，发展中国家由于经济不发达，人均收入水平低下。低收入意味着人们将要把大部分收入用于生活消费，很少用于储蓄，从而导致了储蓄水平低，储蓄能力小；低储蓄能力引起资本稀缺，从而造成资本形成不足；资本形成不足又会导致生产规模难以扩大，劳动生产率难以提高；低生产率造成低产出，低产出又造成低收入。这样，周而复始，形成了一个"低收入—低储蓄能力—低资本形成—低生产率—低产出—低收入"的恶性循环。

在需求方面，资本形成也有一个恶性循环。人均收入水平低下意味着低购买力和低消费能力。低购买力导致投资引诱不足；投资引诱不足又会造成资本形成不足；低资本形成使生产规模难以扩大，生产率难以提高；低生产率带来低产出和低收入。这样，也形成了一个"低收入—低购买力—低投资引诱—低资本形成—低生产率—低产出—低收入"的恶性循环。

综上所述，纳克斯总结成一句话："一国穷是因为它穷"（A country is poor because it is poor）。虽然纳克斯的理论是针对国家而言，但对于区域和城市发展也同样适用。要打破城市贫困的恶性循环，必须进行大规模、全面的投资，实施全面增长的投资计划。通过同时在许多业务部门之间相互提供投资引诱，使各部门的投资有利可图，资本形成就能实现，恶性循环就能摆脱（图 4-1）[②]。

---

① 列宁著.帝国主义是资本主义的最高阶段[M].中央编译局译.北京：人民出版社，1959.
② （美）纳克斯著.不发达国家的资本形成问题[M].谨斋译.北京：商务印书馆，1966.

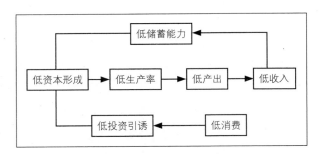

图 4-1　纳克斯贫困恶性循环示意图

（资料来源：崔功豪，魏清泉，陈宗兴.区域分析与规划 [M]. 北京：高等教育出版社，1999）

此外，罗斯托的经济成长阶段论、利本斯坦的临界最小努力理论、罗丹的大推进理论也都高度强调资本对于区域和城市发展的重要意义。

（1）经济成长阶段论。1960 年，美国经济学家罗斯托（W.W.Rostow）提出了"经济成长阶段论"，他将一个国家的经济发展过程分为 6 个阶段，依次是传统社会阶段、准备起飞阶段、起飞阶段、走向成熟阶段、大众消费阶段和超越大众消费阶段。在罗斯托的经济成长阶段论中，第三阶段是生产方式的急剧变革时期，在所有阶段中是最关键的，是经济摆脱不发达状态的分水岭。罗斯托对这一阶段的分析也最透彻，因此该理论也被人们叫作起飞理论。罗斯托认为，区域进入起飞阶段的关键是获得发展所需要的资金，必须提高生产性投资，投资率占国民收入的比例要到 10% 以上。

（2）临界最小努力理论。该理论是美国经济学家利本斯坦（H.Leibenstein）于1957 年提出来的。这一理论的出发点是"贫困陷阱"，即"贫困恶性循环"和"低水平均衡陷阱"。临界最小努力理论认为：不发达经济中，人均收入提高或下降的刺激力量并存，如果经济发展的努力达不到一定水平，提高人均收入的刺激小于临界规模，就不能克服发展障碍，冲破低水平均衡状态。因此，为使一国经济取得长期持续增长，就必须在一定时期受到大于临界最小规模的投资刺激。

（3）大推动理论。大推动理论是均衡发展理论中具有代表性的理论，它是英国著名的发展经济学家罗丹（P.N.R.Rodan）于 1943 年在《东欧和东南欧国家工业化的若干问题》一文中提出来的。该理论的核心是在发展中国家或地区对国民经济的各个部门同时进行大规模投资，以促进这些部门的平均增长，从而推动整个国民经济的高速增长和全面发展[①]。

总之，要打破资源主导区域的低水平均衡发展，需要有外力的作用，这个外力通常就是大规模投资。在经济起飞的特定阶段，保持较高的固定资产投资率是经济起飞的必备条件。固定资产投资越多，表明生产成果用于扩大再生产的比重越大，城市发展相应地就从资源主导走向了资本主导。

---

① 崔功豪，魏清泉，陈宗兴.区域分析与规划[M].北京：高等教育出版社，1999.

4.1.3 从资源主导向投资主导转变的两个案例：深圳和抚顺

欠发达地区为了走出资源主导下的低水平循环，必须通过大规模投资得以实现，但不同城市的具体路径存在较大差异，本节以深圳和抚顺为例进行具体分析。

1. 深圳的历程

深圳所在的区域在清代称新安县，改革开放以前称宝安县，是沿海边陲的农业县。虽然新闻媒体经常用"小渔村"来描绘改革开放以前深圳的景象，但事实上这里是一个以农业为主导的区域，渔业并非主导产业。"深圳"这一地名最早出现于1410年（明永乐八年），并于清朝初年建墟。当地的客家方言俗称田野间的水沟为"涌"或"圳"，深圳正因其村落旁边的一条深水沟而得名。鸦片战争后，英国殖民主义者割占香港，把香港的边界从九龙界限街以北扩展到深圳河南岸。深圳墟的鱼埠、盐埠和缯（丝织品）埠等贸易场所开始崛起。1911年广九铁路通车后，深圳墟成为商品繁盛之地，形成了一个小的市镇。新中国成立以后，深圳的商贸有所衰退。一直到改革开放以前，深圳所在的区域都是以农业为主导的区域，商业仅仅是农业的必要补充。

深圳的崛起没有经历较长时期的准备，而是在成为经济特区后突然进入投资主导阶段的。由于深圳经济特区基本上是在一片空地上白手起家的，因此最初几年需要大量建设各项基础设施，投资量非常大，每年固定资产投资都以翻番的速度增长。只有1986年受中央控制基建规模政策影响，深圳的固定资产投资比上年下降30%（图4-2）。1987年以后，深圳固定资产投资开始持续增长。2014年，深圳固定资产投资达到2717.42亿元，是1978年的4576倍。

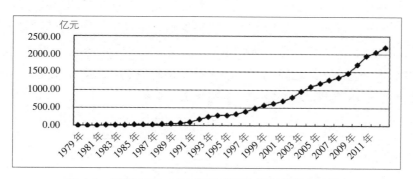

图4-2 深圳1979~1990年固定资产投资总额（亿元）

但若以投资率来衡量，1980年代前半段是深圳投资率最高的时期，特别是1982~1985年，深圳投资率达到0.8以上。这表明在特区发展之初，投资对城市发展强大的推动作用。1990年代初，受邓小平南行讲话和我国确定社会主义市场经济体制改革目标的影响，再一次掀起了深圳固定资产投资的热潮，投资率再一次快速增长。但从 1990 年代末开始,深圳投资率一直处于 0.3 以下并持续下降 (图 4-3)。2014 年深圳投资率为 0.17,处于全国城市最低水平。学者们普遍认为,深圳投资率降低表示深圳经济发展对投资的依赖程度减弱,深圳经济增长模式正在从投资驱动转向创新驱动。

图 4-3　深圳历年投资率

分行业来看,制造业、房地产、水利、环境和公共设施管理业、交通运输、仓储和邮政业是深圳固定资产投入最多的四个行业。在特区建立的前几年里,制造业的固定资产投入占据突出的地位,这与当时深圳"以工业为主的多功能经济特区"定位基本一致,也是新马克思主义者所说的资本的第一循环,即投资主要围绕工业生产进行。但自 1980 年代中期开始,"资本城市化"在深圳开始显现。一方面,房地产固定资产投资开始成为深圳固定资产投资的主体,城市空间开始成为商品,空间生产也已经成为资本增值的主要手段;另一方面,水利环境和公共设施管理业与交通运输、仓储和邮政业固定资产投资一直保持相对稳定的比重,这些行业为深圳资本积累和城市空间生产创造必要的条件。与全国其他城市相比,深圳由于处于改革开放前沿,房地产业兴起较早,市场化机制相对成熟,因此在投资驱动和城市空间生产等方面相对较早,发展也相对顺利 (图 4-4)。

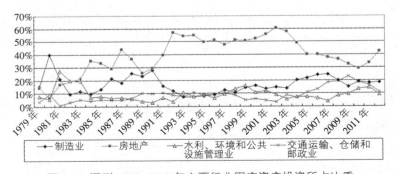

图 4-4　深圳 1979~2012 年主要行业固定资产投资所占比重

2. 抚顺的历程

矿业城市是我们理解城市从"要素推动"到"投资推动"的生动案例。矿业城市是依托矿产资源的开采和初加工而兴起和发展的，矿产资源对矿业城市的发展有极其重要的作用，从早期的矿产资源开发型聚落到发展壮大成为矿业城市再到城市发展出现困境，矿产资源都扮演了极其重要的角色。由于矿业城市在我国数量多、分布广，因而当越来越多的矿业城市由于资源日益衰减、产业结构单一、体制僵化、生态和环境破坏严重等问题面临严重的发展桎梏时，矿业城市的可持续发展和转型就不再只是个别城市的需求，而是关系到国家安全与社会经济稳定的重大挑战。要促成矿业城市顺利转型，就应该从根本上解决发展动力的困境，促使矿业城市摆脱低级生产要素的路径依赖，通过投资驱动而进入更高级的发展阶段。

抚顺是矿业城市由"要素推动"向"投资推动"阶段转型的一个典型缩影。城市发展早期，抚顺是一个典型的"要素推动"的城市，自煤炭大规模开采以来很长的一段时间里，城市的生产、建设都紧密围绕煤炭开采而展开，煤炭产业在城市经济中占有绝对的主导地位，曾被誉为中国的"煤都"。新中国成立以后，抚顺已经经历了两次"投资推动"的时期，即1953～1963年和1986～1995年。但这两个阶段资本主要投向当时抚顺具有比较优势的采煤和石油化工行业，实质是强化了对资源的依赖，资源主导特征进一步加强。

1953~1960年是抚顺的第一个"投资驱动"时期。1953~1957年，我国开始实施第一个五年国民经济建设计划。为了合理利用东北地区已有的工业基础，"一五"计划的重点是东北地区，尤其是以鞍山钢铁联合企业为中心的东北工业基地的新建和改建。抚顺因而成为这一时期国家投资的重点，建设规模之大、投资之巨，在抚顺历史上都是空前的。5年里国家共投入9.2亿元，年均1.84亿元，而抚顺1953年的工业总产值才3.9亿元，到1957年也才8.5亿元。在基本建设投资中，生产性投资占总投资的84.5%，重工业投资占总投资的71.7%，扩建、改建和新建一大批煤炭、电力、石油、有色金属、特殊钢和机械等工业项目，形成了以煤炭为中心的重工业产业体系（图4-5）。原国家计委托苏联设计和援助的156项重点工程在抚顺的项目有8项，其中4项为煤炭项目，即老虎台矿西深部102工程、龙凤矿竖井延伸工程、胜利矿刘山竖井迁建工程、西露天矿改建工程，另外四项为铝冶炼厂改扩建工程、电气陶瓷厂改建工程、抚顺发电厂改扩建工程和新建东露天油母页岩矿等。国家694项限额以上工程在抚顺的项目有6项，包括抚顺石油二厂、特殊钢厂、水泥厂、重型机械厂、大伙房水库、辽宁发电厂等。第二个五年计划前三年，在"大跃进"的影响下，年平均投资额达4.07亿元。投资主要用于"一五"续建项目、少数新建项目和技术改造项目。1961年以后，国家对东北投资的比重下降，抚顺的基本建设进入低谷，"三五"时期共投资2.13亿元，"四五"时期为5.25亿元，"五五"

时期为 7.08 亿元，"六五"期间为 11.67 亿元。

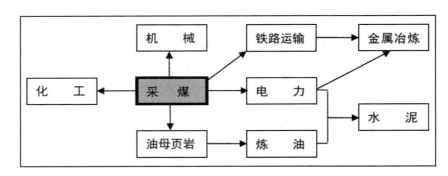

图 4-5　第一次"投资驱动"抚顺建立的以煤炭为中心的工业体系

1986~1995 年是抚顺第二个投资驱动阶段。第七个五年计划时期，抚顺被列为国家和省技术改造重点地区之一，抚顺确立了"油头、化身、轻纺尾"的发展思路，完成固定资产投资 81.7 亿元,比"六五"计划期间投资增长 2.2 倍。第八个五年期间,抚顺继续加大投资力度,5 年共完成固定资产投资 206 亿元。虽然"七五"和"八五"期间抚顺市加强了投资力度，但由于固定资产投资仍然投向了当时抚顺具有比较优势的石化行业，对于城市转型并没有起到根本性的作用，实质上还是强化了对资源的依赖（图 4-6），抚顺资源型城市特征更加突出。

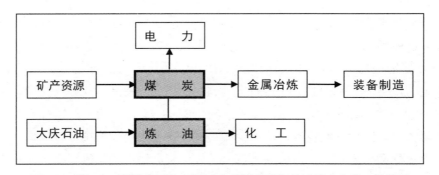

图 4-6　第二次"投资驱动"抚顺建立的以煤炭和炼油为中心的工业体系

1995 年以后，抚顺固定资产投资回落。1996~2003 年的八年里，抚顺的投资率长期在低位徘徊。造成这一时期固定资产投资不足的主要原因是政府财政能力不足，导致银贷系统的紧缩，进而压缩了企业的融资渠道，制约了投资规模的增长。同时，由于政府无力改善城市基础设施，城市投资环境欠佳，对外来资本的吸引力不强。从投资结构来看，国家投资仍然是投资的主体，其他经济成分投资的作用未能充分发挥，城市融资的灵活度和外向性程度较低，对国家依赖较大（表 4-1）。

抚顺基本建设投资统计表   表 4-1

时期	全部基建投资 （万元）	生产性投资 （万元）	生产性投资占全 部基建投资的 比重（%）	重工业投资额 （万元）	占生产性投资额 比重（%）
国民经济恢复时期 （1949~1952 年）	14167	11532	81.4	10287	89.2
"一五"时期 （1953~1957 年）	91996	77736	84.5	55737	71.7
"二五"时期 （1958~1962 年）	141087	129235	91.6	113856	88.1
国民经济调整时期 （1963~1965 年）	40572	36718	90.5	32862	89.5
"三五"时期 （1966~1970 年）	21304	18747	88.0	13686	73.0
"四五"时期 （1971~1975 年）	52501	42525	81.0	27854	65.5
"五五"时期 （1976~1980 年）	70797	45452	64.2	27680	60.9
"六五"时期 （1981~1985 年）	116702	49948	42.8	29878	55.9
"七五"时期 （1986~1990 年）	890000	—	—	—	—
"八五"时期 （1991~1995 年）	993000	—	—	—	—

　　2004 年以后，也就是国家实施"东北振兴"计划以后，抚顺又处于一个新的投资主导阶段。城市投资率开始迅速增加，并在 2007 年超过全国平均水平，2012年接近 0.8（图 4-7）。这一阶段抚顺固定资产投资和前两个阶段有所不同：从投资行业来看，制造业投资比重大，与资源相关的产业比重降低。从投资方向来看，抚顺的固定资产投资主要投向新建项目和城市基础设施，传统项目的技术改造比重降低，这对抚顺资源型城市转型具有重要意义。与此相对应的是抚顺煤炭开采量逐步下降（图 4-8），煤炭在抚顺经济中的地位也逐步下降。2004 年，煤炭行业总产值占全市规模以上企业总产值的比重为 4.03%，2011 年进一步降至 3.17%。

　　产业结构形成和发展的基本前提就是投资，社会资源在各产业部门之间的配置是通过投资来实现的，投资结构直接决定了产业结构的发展方向和发展过程。今天的产业结构现状是由过去的产业投资结构形成的，而未来产业结构的变化主要取决于这一段时间的投资结构，所以投资结构的动态发展是实现产业结构演进的最基本动因和手段①。产业结构调整的核心要义就是通过一定的机制将整个社会的资源进行重新整合，使资源流向效益高的产业，从而提高整个经济社会的效率。

抚顺的分析中，可发现矿业城市由要素推动阶段过渡到投资推动阶段的历程十分曲折而漫长。为了摆脱资源型产业的路径依赖，需要引入大量投资，更新社会生产力。但并非加大投资就一定能促进城市发展阶段的转型，抚顺前两次大型投资都投向了资源型产业，进一步强化了对资源的依赖，导致转型更加困难。因此，为了促进资源型城市转型，投资应该多关注一些非资源型的产业，并为民间投资进入扫清障碍。

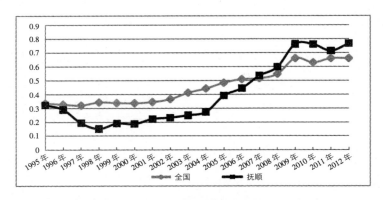

图 4-7　1995~2012 年抚顺投资率及其与全国的比较

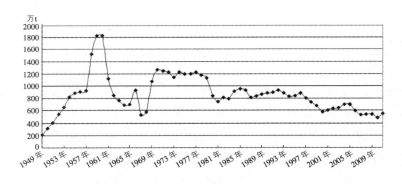

图 4-8　1949~2011 年抚顺煤炭开采量

此外，还需指出的是，在三次投资驱动时期，抚顺在科学技术和教育方面的投资水平畸低，即使在最近几年也是如此。表 4-2 所示是抚顺"科学研究、技术服务和地质勘察业"固定资产投资在全市总固定资产投资中所占的比重，与辽宁省相比，抚顺这一比重仅占全省的 1/4 ~ 1/3，而辽宁省在全国也处于较低水平。这导致抚

---

① 范德成，刘希宋.产业投资结构与产业结构的关系分析[M].学术交流，2003（1）：68-73.

顺自主创新意识不足、高科技人才短缺、技术进步对经济增长的贡献较弱，难以促进抚顺进入创新驱动阶段。为了促进矿业城市的持续健康发展，需要加大科教文化的投入，完善创新系统，加强科技创新能力建设。否则，矿业城市只能在投资—衰落—再投资—再衰落中循环。

抚顺科研行业固定资产投资所占比重及与全省的比较

表 4-2

年份	区域	科学研究、技术服务和地质勘察业（%）
2010 年	全省	0.76
	抚顺	0.28
2011 年	全省	0.61
	抚顺	0.21
2012 年	全省	0.74
	抚顺	0.17

4.2 资本主导下的城市空间

4.2.1 空间与空间转向

空间由于和物体的运动及其性质关联在一起，自古以来就成为哲学思辨的对象，被哲学家放在一个相当重要的位置。世界东西方两个文明的源头——中国先秦与古希腊，都以空间概念作为其哲学与科学的认知源头，积累了相当丰富的空间理论。

在我国古代的文献中，比较明确地提出时间和空间概念，最早的是《管子》一书的《宙合》篇。"宙合"的"宙"是时间，"合"即是空间。《文子》也曾提到时间和空间："往古来今谓之宙，四方上下谓之宇。" 古希腊哲学对空间的认识是从"虚空"开始的，赫西阿德、毕达哥拉斯学派、爱利亚学派、原子论学派、柏拉图和亚里士多德等都认为"虚空"是存在的，并认为"虚空"是与物质无关的一种独立存在，为物质提供存在的场所。

牛顿站在亚里士多德的肩上提出了绝对时空观，他认为时间和空间二者是独立于任何外界事物之外的客观存在。但笛卡尔和康德等人强调人的主观性在空间认识中的作用。笛卡尔开启了空间的"主体－身体"向度理解，这一视角强调主体或身体在人类空间认识中的重要作用，特别深入地从主体意识或身体感知方面细致地考察人类的空间认识过程。17~18 世纪的英国经验论哲学承继了笛卡尔关于心灵比身体更为重要的观点，以洛克、贝克莱和休谟为代表的英国经验论者对感觉、知觉的重视为空间思考提供了新的途径。康德把空间概念引入认识论领域，他认为空间不再被看作独立于人类认识之外的客观对象，而被当作内在于人类认识之中的感性直观形式。这一视角一直延续至今，特别是在皮亚杰之后，哲学认识论逐步让位于认知科学，心理学的空间概念开始在各种空间理论中占据主导。

但是，对于空间的社会意义，20世纪之前并未受到人文科学的广泛重视，空间弱于时间，时间在人文和社会学科的发展中长期居于主导地位，空间问题在20世纪以前则被忽视，即使在马克思眼里，空间也仅仅被看作诸如生产场所、市场区域之类的自然语境，仅仅看到空间的自然属性："空间被看作是死亡的、固定的、非辩证的、不动的。相反，时间代表了富足、丰饶、生命和辩证。"

20世纪以来，人类社会与空间的关系引起了西方哲学家、思想家和社会学家的广泛思考和研究，学者们开始刮目相待人类社会的"空间性"：涂尔干认为空间具有社会性，社会组织是空间组织的模型和翻版；齐美尔专门研究了社会的空间和空间的秩序，发现了社会行动与空间特质之间的交织关系；列斐伏尔用社会和历史来解读空间，又用空间来解读社会和历史，提出了空间生产和空间实践、空间表征和表征空间等概念；海德格尔认为：空间性是一种生存的维度，它具有生存论的性质；福柯认为空间是权力、知识等话语转化为实际权力的关键因素，在漫长的时间过程中积累的生命经验与在混乱的空间网络中所形成的经验相比无疑是相形见绌的，因此一部完全的历史仍有待撰写成空间的历史；吉登斯认为，空间形式总是社会形式，空间性就像时间性的向度一样，对社会理论具有根本的重要性；詹姆逊认为时间性是现代性的中心，而空间是后现代性的关键，这个世界已经从时间来界定，进入到以空间来界定，时间本身也被空间化。

21世纪预示着一个空间时代的到来。1980年代以前的经济学通常是在假设空间要素不变或无差异的前提下，讨论经济制度和产业政策问题。而1990年代诞生了空间经济学后，主流经济学长期忽视的空间要素被重新纳入到一般均衡的分析框架中，探讨经济活动的空间模式以及决定经济活动空间模式的因素与机制，并通过经济活动的空间过程来解释经济增长。同时，在西方，空间社会学也正在成为一门新的学科："我们在受制约中创造了制约我们的世界"——空间是人类社会存在的基本形式，人类活动塑造了空间，同时也深受空间的作用和制约。

4.2.2 资本与城市空间

资本和空间的密切关系早已存在，但在1960年代之前也未受理论界的重视。首先关注资本和空间关系的是法国思想大师、新马克思主义奠基人列斐伏尔。他认为，城市不仅仅是满足生产的物质建筑环境，实际上也是资本以及资本主义发展的载体。城市作为一种空间形式，既是资本的产物，也是资本的再生产者，城市空间被当作商品进行生产并成为利润增长的主要手段。所有的资本和资本主义关系通过城市空间这一载体而实现了再生产，正是空间生产缓解了资本主义的内在矛盾，资本主义才没有灭亡。

另一位深入论述资本和城市空间关系的权威人物是哈维（D.Harvey）。他深入分析了《资本论》中关于资本循环、资本周转和资本积累关系的论述后，指出马克思资本循环危机有两个不足之处：一是马克思虽然指出了资本主义存在矛盾和危机，但他并没有看到资本主义已经有了对付这种过度积累危机的办法。二是马克思在《资本论》中探讨的资本积累只是局限在自由竞争时期的产业资本领域，但在国家垄断资本主义条件下，资本积累主要在城市进行。哈维据此出版了《资本的局限》一书，他在该书中提出了资本的三个循环理论，将马克思分析的产业资本的循环称为资本的第一循环（图4-9）。资本总是在过度积累和贬值的危机下不断地向更高一级资本循环转移，当第一循环产生的危机逼近时，投资转向第二循环，即将资本投资转向包括城市建筑在内的固定资产和消费基金项目（图4-10）。由于不断增值的天性，资本在第二个循环中也会导致生产过剩和过度积累，带来经济危机。资本由此向第三循环转移，即投入到科学技术发展和社会公共事业，促成创新型主导发展模式的出现。

哈维的资本循环理论揭示了资本与城市空间关系的内在机理，即城市空间负载了资本积累的使命。当资本转入第二级循环之后，资本在"空间中的生产"便演化为"空间的生产"，即包括城市土地、道路、桥梁、厂房等生产性固定资产生产和住宅等消费性固定资产生产。前者通过生产性固定资产投资，不仅可以从投资所有权中获益，还能够提供更多的生产机会和提高劳动生产效率，促进资本积累；后者在住宅和商区建设的投资，为劳动再生产提供了消费性资料，是资本扩大再生产的重要保障[1]。

资本积累的第二个循环能否得以顺利进行的前提是金融体制和国家干预体制的建立与完善，土地和金融机构是其关键所在。为了分析金融资本、土地利益和国家在城市空间中形成的三位一体关系，哈维找到了一个经典的案例，即欧斯曼的巴黎城市改造。哈维指出，欧斯曼巴黎改造时期的一个突出现象是：几乎所有社会团体都从事房地产投机活动，巴黎的房地产行业成为一个安全并拥有高回报率的投资市场。不仅如此，房地产市场的各种投机与冒险行为又不断推波助澜，反过来又助长了土地资本效应的发挥。最终的结果是：土地资本与金融资本紧密地结合在一起，

① Harvey D. The Urbanization of Capital: Studies in the History and Theory of Capitalist Urbanization[M]. Johns Hopkins Univ. Press, 1985.

支配了整个巴黎的地价和房地产市场的控制权。1852~1870 年间，巴黎房地产总值增加 60 亿法郎，巴黎旧城区住宅平均价格增加到原来的 3 倍。资本使巴黎城市空间范围无形中变大，腾出了更多的黄金地段供资本增值。哈维在对此进行分析后，认为巴黎大改造实际上是一种"创造性的破坏"，其根本在于政府为资本提供一个高效运行的空间。在这种改造中，居民丧失了归属感和认同感，以资本运行为核心的金钱共同体取代了所有的社会联系①。

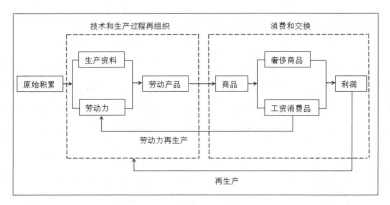

图 4-9　资本主义的生产过程——资本的初级循环

（资料来源：陶方飚.资本驱动下的城市空间形成机制——以北京丽泽金融商务区为例 [D].
中国人民大学硕士学位论文，2013）

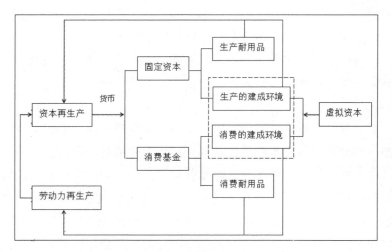

图 4-10　资本投向建成环境的逻辑机制

（资料来源：陶方飚.资本驱动下的城市空间形成机制——以北京丽泽金融商务区为例 [D].
中国人民大学硕士学位论文，2013）

① （美）大卫·哈维著. 巴黎城记：现代性之都的诞生[M]. 黄煜文译.桂林：广西师范大学出版社，2010.

哈维认为，"时空压缩"、"弹性积累"和资本全球化构成资本全球性空间生产的基本逻辑。"时空压缩"是依靠交通和通信技术的进步，建立更快速、方便的空间联系，减少流通时间，节省流通费用，加快资本周转速度。"弹性积累"是依托信息和通信技术，细分劳动力市场和消费市场而形成的具有更高流动性和灵活性的资本空间生产方式。随着跨国公司遍布全球，更多国家和地区被资本卷入世界市场，城市空间发生重大的改变，加快世界城市化进程[①]。

如果资本逻辑与空间生产的逻辑相一致，资本就构成城市化的动力机制，加速推动城市空间发展[②]。但资本的逻辑是资本不断积累与增值，而空间生产的逻辑根源于人类社会发展与进步的逻辑，因此两者通常存在难以调和的矛盾，资本在促进生产空间发展的同时，也表现出对空间生产逻辑的僭越：①资本在促进城市空间生产的时候，对空间资源的消耗是掠夺式的、过度的和不可持续的。②资本主导的空间生产和重构仅被当作产生利润和实现增值的媒介，并不以人类是否能更好地生存和发展为首要价值取向，因而通常只重"生产"轻"生活"。③资本让物的价值得到充分张扬，人的本性受到压制，人的关系从属于物的关系，人的个性也就附属于物的个性，空间生产逻辑背离了人的自由和全面发展的终极目标，导致人的异化和城市的异化。无论是从历史的发展来看，还是从终极价值指向来看，资本逻辑驱动下的空间生产逻辑不是空间生产的本质逻辑，更不是空间生产的正义逻辑。这样的空间生产逻辑只注重数据的积累，解决了空间生产量的问题，解决不了空间正义的问题[③]。

在资本控制下，城市空间生产具有两个明显的特征：一是空间高速扩张。与自然资源主导下的城市相比，资本逻辑支配下的城市将各种生产要素聚集在一起，克服了阻碍城市空间生产的制约条件，出现了前所未有的城市空间生产热潮。二是机械复制。为了扩大城市空间的规模和减少投资风险，一种成功的空间生产模式会直接被当作模板而模仿和复制。城市空间与传统制造业生产出的产品本质上并没有太大差别。现代城市具有非常惊人的相似之处，普遍高楼大厦耸立、道路交错复杂、商铺林立……类似的城市规划造就了城市建筑外观的趋同，形成了"无地方"特色的城市空间发展模式与无差异的城市文化。现代城市的空间生产缺乏历史和人文关怀，生产出许多可以复制的和无差异的人造自然[④]。

上海新天地项目是一个典型的例子。上海新天地取得成功后，很快成为各个城市争相效仿的对象，瑞安集团因而很快启动了杭州西湖天地、武汉天地、大连天地、重庆天地等项目。尽管各个项目因所在城市的区位、文化和定位等不同而各有特

① 庄友刚. 空间生产视角的资本批判及其对当代中国城市化发展的意义[J]. 东岳论丛，2012（3）：56-62.
② 朱江丽. 资本全球性空间生产与中国城市化道路探索[J]. 马克思主义研究，2013（11）：60-68.
③ 崔翔. 论城镇化进程的资本逻辑与空间生产[J]. 人民论坛，2014（5）：81-83.
④ 刘顺娜. 论资本逻辑在空间生产中的功能品质[J]. 求实，2013（10）：42-46.

点，但其基本运营模式和项目设计理念有共同之处，其命名的相似性表明了上海新天地在全国的复制和扩张。房地产开发商为了利润最大化，往往选择已经被市场检验并获得成功的模式，将规模化和标准化的高效率生产方式注入旧城改造的生产过程。空间复制不仅是开发商惯用的方式，我国地方政府也往往倾向于学习成功经验，默许并助推了城市空间的复制，加剧了城市面貌趋同和城市特色的消失[①]。与之类似的还有全国各地的万达广场、大悦城、万象城、恒隆广场、天河城、COCO Park、来福士广场等。

虽然在 1980 年代，新马克思主义理论就已经在西方产生和广为传播，但国内学界对此关注是在进入 21 世纪以后。在理论研究方面，马克思主义研究者和城市研究者纷纷将新马克思主义理论引入国内，广泛分析列斐伏尔和哈维的经典著作和观点。在实证研究方面，空间生产的理论被用来解释城中村和城乡结合部的社会空间生产状况、旧城改造、大事件营销、近代城市发展、城市美化、社区空间等问题[②]，试图将他们抽象的理论进行本土化和具体化。本节将继续以深圳和抚顺为例来说明资本主导下城市空间演变的特征，并用北京丰台丽泽商务区来说明社会主义市场经济条件下城市空间生产的内在机制。

4.2.3 资本主导下的深圳城市空间生产

进入投资推动阶段，深圳城市空间扩展和演替很大程度上受资本所主导。前者的直观表现是城市建设用地的扩张，后者的直接体现是旧城改造。

1. 城市空间规模扩张

发展中国家或地区资本形成的规模都小于经济起飞所需的临界最小数量，资金短缺也是这一阶段发展面临的最大难题。要打破恶性循环，引进外来资本是关键。可发展中国家或地区靠什么去引进外来资本呢？要素替代理论认为，为节约成本，一种生产要素价格的增加将导致企业以其他生产要素来替代这一要素。在城市发展中，由于这一阶段资本是紧缺因素，而土地和劳动力相对而言比较充裕。遵照要素替代原理，城市发展就会通过廉价的土地和劳动力来引进资本，这也正好符合资本利润最大化的需求。

资本和劳动力都是可以流动的，而且劳动力很大程度上是随着资本流动的。在城市中，由于劳动力主要是由城市以外流入的，城市政府在此时唯一的优势生产要素是土地。因此，城市政府不得不大量投入具有替代功能的土地来换取外部资金的投入，通过便宜的土地进行招商引资，即我们常说的"以土地换资本"、"以土地换

① 姜文锦，陈可石，马学广. 我国旧城改造的空间生产研究：以上海新天地为例[J]. 城市发展研究，2011(10)：84-89.
② 叶超，郭志威，陈睿山. 从象征到现实：大学城的空间生产[J]. 自然辩证法研究，2013（3）：58-62.

产业"和"以空间换发展"。这时候土地不再是一个消极无为的自然要素，而是经济发展的一个重要工具。而且，在这一阶段，随着经济的加速成长，城市化也进入加速发展阶段，人口和产业对城市空间的需求非常强烈，城市空间迅速扩大。因此，这一阶段是城市土地快速开发和城市空间规模快速扩张的时期。

在特区成立之初，深圳城市建设用地面积仅为 3km²。1980 年 5 月正式批准成立特区后，伴随着大规模投资的进入，城市建设用地围绕罗湖和蛇口向东西两方扩展。在建设初期，由于深圳缺乏大规模建设资金，城市发展只能采取效率最高的单中心空间结构模式和"规划一片，建设一片，收益一片"的渐进开发模式。1980~1984 年的 5 年里，深圳城市建设用地年均增加 6.2km²，到 1984 年达到 34km²。1985~1994 年的 10 年里，深圳建设用地平均每年增长 22.6km²，1994 年达到 260km²。1990 年代中期以后，随着我国改革开放的快速推进和国外资金的大量涌入，深圳进入高速发展时期。1995~2000 年的 6 年里，深圳城市建设用地平均每年增长 34.5km²，到 2000 年全市建成区面积 467km²。

2000 年以后，深圳进入全域城市化阶段，随着工业外迁、居住郊区化、新区建设和轨道交通的迅速发展，城市空间开始"西进东拓"。以经济特区为核心，以对外高速公路为骨架的放射状圈层结构逐渐形成。2000~2005 年，由于深圳工业向特区以外转移导致新增建设用地迅猛增长，全市建成区面积由 2000 年的 467km² 增长到 2005 年的 703.48km²，年均增长 47.3km²。2005 年以后，深圳建设用地规模进一步快速增加，2009 年全市建设用地面积 893.85km²，2012 年进一步增加到 941.67km²。这一时期建设用地增量集中分布于特区外，其中宝安区约占 50%[1]。

因此，过去 30 年，大规模建设用地的供给一直是深圳经济高速增长和城市快速发展的关键因素。这种用地扩张速度在国内外的其他城市难以见到。伴随建设用地的扩张，深圳市 GDP 也快速增长，创下了举世闻名的深圳速度。以已建设用地与可建设用地的比值来表示土地资源的稀缺性，当比值小于 10% 时，城市发展处于无约束阶段；当比值为 10% ~ 30% 时，城市发展处于低约束阶段；当比值为 30% ~ 60% 时，城市发展处于中度约束阶段；当比值为 60% ~ 80% 时，城市发展处于高度约束阶段；该比值大于 80% 时，城市发展处于刚性约束阶段[2]。

深圳市总面积为 1952.84km²，其中可建设用地 931km²。根据深圳市历年城市建设用地面积，运用上述判别方法分析，目前深圳市建设用地对城市发展的影响已处于刚性约束阶段。作为一个快速发展的新兴城市，深圳在短时间内从土地供给的无约束阶段跨入到刚性约束阶段，日益增加的土地稀缺性已经成为深圳经济增长的

① 詹庆明等.深圳市建设用地演进及问题分析[C]//和谐城市规划——2007中国城市规划年会论文集，2007.
② 王爱民，刘加林，尹向东.深圳市土地供给与经济增长关系研究[J].热带地理，2005(1):19-23.

限制性因素，"以土地换资本"和"以土地换产业"的"甜蜜期"已经结束。

2. 旧城改造

深圳城市空间生产的另一路径是城市更新。早在 1994 年，深圳就已经开始了城市更新。当时在深圳上步工业区一个仓储式的大卖场（华润万家）进驻了一个 1980 年代初期建设的旧厂房，上步工业区开始了商业转型，这就是深圳最早的城市更新案例。2003 年，深圳成立了福田区重建局来推动城中村改造，尝试引入市场力量参与，并有了渔农村和岗厦改造的成功案例。2004 年和 2007 年深圳相继启动以城中村、旧工业区为对象的改造工作，并相继颁布了一系列关于城市更新的政策，在政策层面上先行先试，因而深圳的城市更新起步较早，相关政策配套和服务也先行于国内其他城市。2009 年 10 月，深圳响应大力推进"三旧"改造的号召，颁布《深圳市城市更新办法》，展开全市城市更新工作[①]。

根据 2013 年深圳市规划和国土资源委员会公布的土地出让计划，当前深圳的商业和住宅用地供应主要依赖城市更新项目。截至 2012 年年底，深圳市城市更新在售在建项目规划面积已经达到了 1610 万 m^2。在 2013 年深圳市安排建设的 6 万套商品住房中，有一半供应是来自对存量土地的盘活，这足以说明深圳目前的空间生产几乎都依赖于城市更新。

4.2.4 资本主导下的抚顺城市空间演进

如前所述，1953 ~ 1960 年和 1986 ~ 1995 年的两次"投资驱动"实质上是进一步强化了抚顺对资源的依赖，在城市空间生产上也是如此。在 1953 ~ 1960 年的第一次投资驱动中，由于投入的重点是煤炭开采，因此抚顺矿区迅速发展，西露天、东露天、老虎台、龙凤、胜利这些煤矿周围都相应建立起以煤矿行政办公为中心，独立组织生产、生活、商业服务等职能的单元，就近建设了老虎台、万新、龙凤、南花园、刘山、新屯、五老屯、古城子等九个居民点和西制油厂（石油一厂前身）、石炭液化厂、东制油厂（石油二厂前身）、机车修配厂、电瓷厂、煤炭机械所、发电厂、制铝车间、抚顺制钢所（抚顺钢厂前身）、抚顺砖厂、抚顺水泥厂等工业企业，并通过东西向交通干线和电气化铁路将这些分散的独立单元结构串联起来。此外，为了确保煤矿的持续生产，抚顺再一次有计划地动迁了位于优质煤层之上的石油四厂、红砖厂和挖掘机厂，同时还搬迁了 40 万 m^2 的住宅。这些"节点式综合体"奠定了此后几十年抚顺城市发展的基本框架（图 4-11）。

---

① 刘晓云. "地荒"深圳的城市更新史[N]. 中国房地产报，2013-08-05.

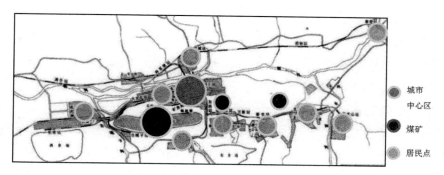

图 4-11　1953 年抚顺城市空间结构示意图：多城多矿、原址拓展、城矿相邻

（资料来源：刘泓. 抚顺城市主导要素演替与规划转型研究 [D]. 中国人民大学硕士论文，2014）

　　1986 ～ 1995 年的第二次投资驱动时期，投入的重点是石油化工和其他工业，煤矿在城市空间结构中的中心地位显著弱化，石油加工和其他工业地位上升。产业结构的多元化带来了抚顺生产空间的区域分化，呈现出"多核心式"，即通过向外扩展的方式在原有工业用地周围逐渐形成了河南矿工业区、河北机械工业区、望花冶金工业区、张甸石油化学工业区、田屯化学工业区、章党电力、建材工业区等工业区域。其中，依托钢铁、石化、电解铝行业的壮大，望花冶金工业区发展成为抚顺的副中心组团。

　　在 2004 年以后的第三次投资推动阶段，随着投资主体和投资对象的变化，资本的生产和再生产开始成为抚顺城市空间形成和演变的根本动力。资本的生产与积累是城市发展的首要任务，生产、生活、交通、文化、环境等各项活动都围绕促进经济增长、吸引与鼓励投资建设进行。

　　投资驱动下，两种区位会特别受到投资者的青睐：一种是基础设施建设相对完善的新区、工业园区、高新技术区。这些区域能够提供大量廉价的土地并提供其他优惠政策，而廉价的土地与优惠政策是传统制造业资本的利润源泉。而且对于中央政府而言，独立于原有城镇体系的新区能够实现改革风险的最小化与社会效益的最大化，而地方政府则可以通过开发区建设有效推动固定资产投资与经济增长而实现政治晋升。因此，全球流动与国内体制改革的契合形成了中国的开发区热和新区建设浪潮，开发区和新区作为全球资本进行空间修复的工具或载体被大规模地生产出来。资本与商品在空间中的流动受到路程阻力的限制，阻力的降低有利于成本的节约以及周转与积累速度的加快，因此资本倾向在空间阻力最小的区位集聚[①]。另一种地段是旧城的中心区，原有旧城中心区交通运输比较便利，公共服务的数量和质量也相对较高，运营成本相对比较低，资金收益比较快，因而

①　陈嘉平. 新马克思主义视角下中国新城空间演变研究[J]. 城市规划学刊，2013（4）：18-26.

也很得投资者青睐。

在第三次投资驱动阶段，抚顺重点打造了沈抚新城和石化新城，沈抚新城成为增量制造业企业和中心城"退二进三"工业企业的空间载体，石化新城正逐步开始成为石油化工企业聚集地，中部城区在工业外迁后，居住、商业和服务业开始蓬勃发展，城市空间结构呈现出三核并进的态势（图4-12）。

特别需要指出的是，城市生产空间一旦形成，在短期内将难以扭转，反过来也会影响主导要素的演替。一方面，由于抚顺露天煤矿及其附属舍场、居住等设施体量庞大，煤矿依旧在城市空间结构中占据重要地位，并将对抚顺未来城市空间生产产生持续的制约作用。另一方面，抚顺的工业用地占城市建设总用地的比重一直较高，在要素推动阶段，工业用地为资源型产业的发展提供了充分的发展空间，是资源型产业在短期内取得显著成效的重要条件。但已经形成的工业用地布局也对抚顺的产业转型和城市功能调整产生了巨大的阻力，2000年抚顺的工业用地面积仍然高达37.2km²，占城市建设用地比重达31.6%，积重难返的用地格局提高了产业转型和空间生产的成本，削弱了投资的吸引力。

图4-12　21世纪抚顺城市空间结构示意：东西拓展、新城并起、带状组团
（资料来源：刘泓．抚顺城市主导要素演替与规划转型研究 [D]. 中国人民大学硕士论文，2014）

4.2.5　资本主导下城市空间生产的内在机制

新马克思主义学者对资本作用于城市空间的研究是基于对资本主义国家城市发展的经验而得出的，在社会主义市场经济下的中国，资本推动下的城市空间是否具有同样的演化机制？本节将通过对北京市丽泽金融商务区的实证分析，将哈维的理论具体化，总结社会主义市场经济下资本作用于城市空间的内在机制。

城市空间生产包括内部空间重组和外部空间拓展两方面，分别以"替代"和"增生"的方式形成新的城市空间结构^①。两种类型的城市空间生产都是资本为寻求进一步扩张而投向建成环境的结果，在资本主义国家，市场、政府和社区从不同角度共同作用于资本生产的过程，从而导致城市空间的形成和演变^②。西方资本主义国家不同主体在城市空间生产中的作用及相互关系如下。

1. 企业是推动城市空间形成和演变的首要力量

科斯认为，企业作为生产的一种组织形式，在一定程度上是对市场的一种替代。作为资本的直接生产者，实现利润最大化是企业竞争生存的基本准则^③。在资本扩张需求的驱动下，企业成为城市增长联盟的首要推动者。城市增长的最初需求来自于包括地方经济利益团体、土地开发商、房地产经纪商、银行、律师等关键行动者在内的经济联盟，这一联盟并不直接制定城市决策，但却是影响城市决策的重要力量^④。在资本生产的过程中，工业企业、房地产开发商、金融机构等通过不同的方式促进资本的快速积累。

企业通过选择性占用城市的空间资源，服务自身的资本积累^⑤。企业会综合考虑城市中不同区位的土地价格、交通运输费用、公共服务的数量和质量、产业集聚效应等，通过成本效益分析使自己的利润最大化，从而进行选址。例如，一些企业常常通过攫取旧城的中心区位来更好地服务于资本增值，"资本在某一特定时刻建设适宜于自身条件的一种物质景观，在随后的某一时刻又得破坏这种物质景观^⑥"。哈维将这一现象称作"创造性的破坏"，这种"创造性的破坏"就是城市更新。由于企业总是以利润最大化为目标，因此尽可能压低旧城改造的成本是企业的必然选择，他们以尽量低的标准补偿旧城中居住的居民。原有空间上的社区居民被驱逐到城市边缘或其他地价较为低廉的地区，一定程度上也刺激了城市边缘低端房地产的消费，促进了房地产企业的发展。

房地产企业作为资本投向建成环境的实现者，直接生产能产生巨额利润的城市空间。从生产的建成环境来看，房地产企业通过生产工业厂房、商业空间等保障资本生产所需的空间载体。从消费的建成环境来看，房地产企业一方面通过生产高级的住宅空间保障资本家的消费，一方面通过生产一般的住宅商品保障劳动阶级的消费，从而促进劳动力的再生产。在城市空间的生产过程中，由于资本需要快速周转和持续不断地进行投入，因此作为商品的城市空间的生产通过标准化和规模化的生

① 唐子来. 西方城市空间结构研究的理论和方法[J]. 城市规划汇刊，1997（6）：1-11.
② 张庭伟. 1990年代中国城市空间结构的变化及其动力机制[J]. 城市规划，2001（7）：7-21.
③ 高鸿业主编. 西方经济学[M]. 第四版. 北京：中国人民大学出版社，2007.
④ 何艳玲. 城市的政治逻辑：国外城市权力结构研究述评[J]. 中山大学学报（社会科学版），2008（5）：182-192.
⑤ 杨宇振. 权力、资本与空间：中国城市化（1908-2008年）[J]. 城市规划学刊，2009（1）：62-76.
⑥ 邓化媛，张京祥. 新马克思主义理论视角下的城市更新[J]. 河南师范大学学报（哲学社会科学版），2008（1）：175-177.

产方式实现资本的快速积累，其结果表现在城市空间上则是不断地重复和复制的千城一面现象[①]。从住宅商品的建设来看，许多住宅都是经过简单重复的设计后进行成片的、规模化的开发与生产。

金融机构通过信贷体系加快并扩大了资本的生产，尤其体现在资本投向建成环境的过程中。由于房地产业的资本密集型特征，资本为了进一步提升建成环境的建设速度和规模，使资本加速运转从而借助于虚拟资本，房地产金融应运而生。一般说来，房地产开发企业在进行房地产投资或开发时，投入的资金中仅有 20%~30% 为企业自有资金，其余所需的资金都要通过融资方式，如银行贷款或者社会集资方式等筹集起来。众多房地产金融组织和机构的产生就是一个有力的佐证，房地产金融机构通过快速地为房地产企业提供开发所需的资金，使得房地产企业资金的投入更加多元化和规模化，加快了企业开发房地产商品的速度和规模。从宏观表现来看，房地产自身的标准化、规模化生产方式和虚拟资本的推动作用，共同引发了房地产开发的热潮，其巨大的数额和快速获得的利润也使得房地产业成为许多城市经济增长的支柱产业。虚拟资本在促进城市空间和房地产生产的同时，自身也从房地产的投资中获取了丰厚的利润。因此，这一时期城市的金融业也会实现快速的增长，表现在金融服务业在经济增长中的贡献比率逐渐增加。而从空间上看，金融服务业在城市中往往聚集在 CBD 等核心区位，高级写字楼则成为金融行业办公的主要载体。

2. 政府与市场结盟，协助资本推动城市空间的生产

资本要进行再生产，所需要的物质框架包括两种：一种是作为生产行为的发生背景，如生产所需的厂房等；另一种是为生产提供所需服务的物质空间，如道路、给水排水等基础设施。前一种空间的使用一般是具有排他性的，即谁修建谁使用。而后一种空间的使用却具有非排他性和非竞争性，如道路等基础设施建设，不仅投资金额较大，而且具有沉淀成本的性质，投资建成后无法排除其他个体的使用，其效益为所有资本家所共享，因此个体的资本家一般不愿意对基础设施建设进行投资。这时，城市政府为了鼓励经济增长、增加税收和提升政绩而代替市场投资建成环境，从而吸引资本和鼓励资本扩大再生产[②]。从消费的建成环境来看，由于消费关注的是商品的使用价值，生产关注的则是商品的交换价值，而为劳动力再生产所必需的消费品是毫无利润可图的[③]，因此劳动力再生产的消费需求和资本利润最大化的生产需求之间必然存在矛盾，资本不愿意对消费的建成环境进行投资以促进劳动力的再生产，由此产生资本主义城市社会的"集体消费"危机，主要表现为住房供给短缺、

① 江泓，张四维. 生产、复制与特色消亡——"空间生产"视角下的城市特色危机[J]. 城市规划学刊，2009（4）：40-45.

② Harvey D. The Urbanization of Capital[M]. Oxford: Blackwell, 1985.

③ 张应祥，蔡禾. 新马克思主义城市理论述评[J]. 学术研究，2006（3）：85-89.

医疗设施不完善等^①。为保证社会的稳定,防止劳动力因需求得不到满足而发生社会动荡,政府介入到消费建成环境的供应中,如政府为劳动力提供公共住宅和医疗保障等。然而,由于政府最终服务于资本的目的,劳动力所能得到的"消费的建成环境"往往是尽量以低成本投资建设的,比如政府修建的公共住宅往往位于基础设施不完善、交通不便的劣势区位。

政府不仅通过上述方式直接进行空间的生产,如基础设施的建设和公共福利设施的建设,还通过制定不同的政策干预资本对空间的生产,如金融政策、房地产政策和城市规划等。哈维尤其强调政府和金融体系间建立起的密不可分的联系,在这种哈维称作"国家—金融节"的国家与金融结合的方式下,政府一方面通过设置如中央银行等专职的金融管制机构,为金融机构制定优惠政策来协助虚拟资本介入空间生产;另一方面,政府也通过国债、地方债等的发行,增加政府自身的资本积累,从而保障政府拥有足够的资金投入到建成环境的生产中^②。哈维认为,1945年美国的郊区化现象就是一次由国家(向住房所有者和建筑公司退税)和金融机构(通过特殊的信用安排)二者共同推动而实现资本从初级循环大规模投向二级循环的转变。

在这个过程中,政府一方面为了选举和政绩服务于资本的生产,另一方面迫于维护社会稳定而关注公共福利,从而在投资和分配空间资源上作出一定的平衡。当经济基础和作为上层建筑的公共政策发生变化时,新的受益阶级将替代之前的统治阶级,城市空间得到重新分配^③。由此,政府和房地产商等代表资本家利益的私人集团一起组成"城市增长机器",通过权钱结盟,牺牲普通大众的社会利益^④。总之,政府对空间生产的干预,本质上仍然是服务于资本的生产,对劳动力消费品的生产也仅仅是维持在一个较低水平,即能保障劳动力再生产的底线^⑤。

3. 社区作为城市增长联盟的制衡力量而作用于城市空间的生产

在资本生产和再生产的过程中塑造了阶级的对立,形成了对抗的社会关系。服务于资本生产的城市空间的配置,其实质是城市中各阶级所处地位高低的空间表现。阶级的区分使不同阶级人群所掌握的经济资源不同,因而显示出不同阶级人群居住和消费等空间的分化;空间的分化意味着不同阶级人群占有的公共资源等的分化,由于空间最终服务于资本主义的生产过程,因此空间的分化进一步加剧了贫富差距和阶级的对立。

在土地私有制的国家,社区和资本的博弈是在市场中进行的。在这种制度下,

---

① Castells M. Theory and Ideology in Urban Sociology [M]//Urban Sociology: Critical Essays. London: Tavistock, 1976.

② (美)大卫·哈维著. 资本之谜——人人需要知道的资本主义真相[M]. 陈静译. 北京:电子工业出版社,2011.

③ 张庭伟. 1990年代中国城市空间结构的变化及其动力机制[J]. 城市规划,2001(7):7-21.

④ Molotch H. The City as a Growth Machine: Toward a Political Economy of Place[J]. American Journal of Sociology, 1976(2).

⑤ Sanders P. Social Theory and the Urban QuestionM] .London:Hutchinton, 1986.

土地和土地上的建筑物都是受到法律严格保护的私有财产，资本对于土地资源的夺取和占用是在市场上进行的，基于土地的空间破坏和生产行为并不能随心所欲地发生。资本能否成功占有、破坏并重塑空间，根本在于社区力和资本谈判的"价码"是否能达成一致。日本成田机场的建设就是一个例子，1966 年日本政府准备在千叶县成田市征地拆迁，筹建成田国际机场，由于事先沟通不足，当地农民强烈反对机场建设。在对抗的过程中，农民不仅自己组成抗拆迁联盟，还得到东京大学的教授和学生等的援助。直到 2012 年年底，仍有 8 户农户不接受拆迁，成田机场至今仍处于未完工状态①。因此，从作出土地交易行为的意愿来看，社区和资本是平等的，尽管可能由于社区居民掌握的专业知识和信息不全面而以亏损的价码进行了土地交易。

随着市民社会的壮大和政治参与意识的觉醒，以社区组织、非营利机构和全体市民组成的社区力量也在一定程度上影响了资本对空间的生产。卡斯特尔在《城市与民众》一书中，认为社会民众通过城市运动等方式对抗资本对空间的攫取和政府的城市规划。民众在长期的城市生活中形成了一种"社区"观念，个人的社会网络与空间紧密地联系起来，城市民众会为了自身和社区的利益组织城市运动，对抗资本和政府②。这种城市社会运动一般围绕三种诉求进行：城市规划保障集体消费品的生产和供应，而不是以为资本赚取利润为目标；营造社区文化和社区认同感；政治决策尤其是空间决策中公民参与的愿望③。在卡斯特尔看来，城市社会运动已经成为当代资本主义国家中最主要的社会反抗形式和社会动力之一④。

综上所述，资本主义语境下城市增长联盟的形成是资本扩张的自然结果，企业作为资本最直接的生产者，自然也成为城市增长联盟的发起者和主导力量；政府出于政绩和选举的考虑，也参与到追求增长的战略中；社区力量通过土地市场的谈判、选举投票、社会运动的组织等方式制约着城市增长联盟的发展，维护自己的利益。

新马克思主义学者对于城市空间生产的论述是根植于资本主义国家的社会经济背景的，我国城市空间的形成和演变是否符合上述资本作用于城市空间的机制？在我国的制度背景下，资本对于城市空间的影响机制又有何不同和新的特点？下面我们以丽泽金融商务区为例来进行论述。

丽泽金融商务区位于北京西南二环和西南三环之间，以丽泽路为主线，东起西二环的菜户营桥，西至西三环的丽泽桥，南起丰草河，北至红莲南路，占地面积 8.09km²，规划总建筑规模 800 万 ~950 万 m²，是北京三环内最后一块成规模的待开发区域（图 4-13）。北京丽泽金融商务区是北京市和丰台区重点发展的新兴金融功

① 张颖倩. 东京成田机场旁钉子户46年未搬，机场至今未完工[N]. 新京报，2012-12-09.
② Castells M. The City and the Grassroots[M]. University of California Press, 1985.
③ 夏建中. 新城市社会学的主要理论[J]. 社会学研究，1998（4）：1-7.
④ 高峰. 城市空间生产的运作逻辑——基于新马克思主义空间理论的分析[J]. 学习与探索，2010（1）：9-14.

能区,是丰台区"十一五"规划中的五大功能区之一,重点发展商务办公、金融保险等现代服务业。

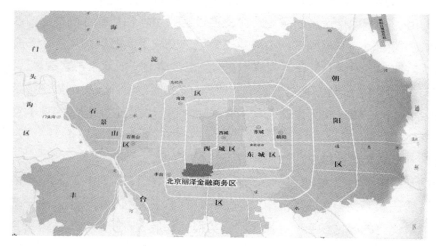

图 4-13　北京丽泽金融商务区位置示意

在丽泽的案例中,推动城市发展和丽泽空间转变的核心力量仍然是资本。但是此时,政府取代了市场成为增长联盟的发起者和主导力量。作为新开发地区,丽泽金融商务区内金融相关产业的集聚并不是自发形成的,而是不同层级的政府为实现自身利益诉求,通过实施优惠政策而吸引相关企业聚集。在丽泽的开发建设中,通过北京市政府—丰台区政府—丽泽开发办—丽泽开发公司的机构设置,实现政府对丽泽开发的主导地位。从北京市层面来看,北京市政府通过"一主一副三新四后台"的金融业空间布局规划,将丽泽金融商务区作为全市金融产业新的聚集地进行了战略定位,并由市发改委牵头,陆续发布《关于加快推进北京丽泽金融商务区开发建设实施的工作意见》等政策文件,指导下级政府的开发工作,从北京市层面为丽泽提供政策支持。从丰台区政府的层面来看,丰台区政府也陆续出台《关于促进北京丽泽金融商务区金融产业发展的意见》等多项政策文件,在丰台全区强化丽泽商务区的区域战略地位。同时,设置北京丽泽金融商务区建设发展领导小组及办公室,全面指挥和领导丽泽商务区的开发管理。通过区长、分管副区长分别任职领导小组组长、副组长,凸显区政府在丽泽开发中的全面主导作用。除了从政府的机构设置层面全面管控丽泽的开发管理外,丰台区政府还通过设置区属的北京丽泽开发控股公司、北京丽泽开发建设有限公司、北京丽泽金都开发建设有限公司、北京丽泽金都物业管理有限公司和北京丽泽金都置业有限公司,从操作层面上全面控制和垄断了丽泽商务区的土地一、二级开发和投融资、基础设施建设、公共配套建设、房地产开发、物业管理等。

市场力量在丽泽的开发建设过程中不再是主导力量，而是积极地参与丽泽的开发和空间的生产。参与到丽泽开发建设过程中的市场力量主要有以下几种：①已经入驻和将要入驻的金融机构和相关企业，包括中经社控股有限公司、长城资产管理有限公司等。②房地产企业。房地产企业通过购买土地使用权入驻丽泽，改变了丽泽整体的功能定位，从规划中的金融业聚集区转变成了金融机构与房地产企业共同的聚集区。③规划设计企业。通过国有的规划设计单位，如北京市建筑设计研究院、北京市市政工程设计研究总院，以及外资和私营的规划设计公司，如伍兹贝格建筑设计有限公司、RTKL国际设计公司的合作规划设计方案，将丽泽区域的空间布局和设计具体化。

　　社区在丽泽商务区的开发过程中，通过配合的方式作用于空间的形成。对于居住在原丽泽区域的村民和居民来说，丽泽商务区的建设、征地拆迁和赔偿的发生并不是社区居民能够预料并决策的事。根据新马克思主义的相关理论，由于资本总是选择占据最优势的区位和空间，城市的弱势群体和低收入阶层自然被排挤到较差的区位和空间；资本将原城市中心区位的空间破坏重造的同时，也将原有居住空间的社区居民驱逐到城市的边缘，社区居民的安置住房也尽量选取在远离城市中心的位置。① 丽泽商务区规划中也提到："为了提高核心区的品质而不再在核心区内建造安置房"。从后期规划的安置房选址来看，安置房多选择建设在丽泽商务区核心区范围之外。相较于资本和政府在商务区开发过程中的获利，原社区居民和村民的利益受到了一定的损害。但由于征地拆迁的补偿比较合理，且对农民来说，政府在拆迁后还解决其工作和生计，因此他们并没有作出较大的反抗，而是较为积极地配合丽泽的拆迁工作，使得丽泽的空间生产能够顺利、快速地按照既定的规划进行（表4-3）。

丽泽金融商务区空间生产的内在机制 表4-3

主体		目标	作用于空间的方式	力量强弱
政府及政府控股企业	北京市政府	发展金融业，北京市经济增长	政策（1）：《关于加快推进北京丽泽金融商务区开发建设实施的工作意见》 政策（2）：《关于加快建设北京丽泽金融商务区的实施意见》	强，主导
	丰台区政府	丰台区经济增长	政策：《关于促进北京丽泽金融商务区金融产业发展的意见（试行）》 规划：丽泽金融商务区规划综合 土地：成立控股公司，负责土地的拆迁、整理和开发	
		获取土地和税收收入，完善基础设施		
		解决绿隔遗留问题		
	丽泽控股及控股子公司	增加政府收入，成为第一家区属上市公司	征地拆迁、土地的一二级开发	

---

① 陈扬. 20世纪90年代以来北京住宅的空间发展[M]//冯健主编. 城市社会的空间视角. 北京：中国建筑工业出版社，2010.

主体		目标	作用于空间的方式	力量强弱
企业	金融机构	占领优势空间，获取政策支持，实现资本扩张	获取优势空间资源	较强，参与
	房地产企业	占领优势空间，实现资本扩张	参与土地竞拍，房地产开发	
	规划设计企业	获得项目费用	参与规划编制	
社区	农民	获得征地补偿，解决劳动力就业	配合拆迁征地	弱，配合
	居民	获得征地补偿	配合拆迁征地	

4.3 资本主导下的城市规划

从要素主导阶段进入投资主导阶段后，发达国家的城市面临环境污染、住房短缺、阶级矛盾等一系列问题，导致资本积累过程受到阻碍，为了保障工业化的进程和资本家资本进一步积累，发达国家进行了一系列的规划变革：英国是城市最早进入"投资推动"阶段的国家，这个阶段城市空间上的各种矛盾日益凸显，极大地制约了土地资源的有效利用，更无法保证"资本"的进一步投入。在这个背景下，英国诞生了现代意义上的城市规划；美国于 1916 年开始推行区划法规，以此引导城市土地开发和促进市场公正，实质上也是保障"土地换资本"的有效实现；在新加坡"投资推动"的阶段，城市规划的一项重要作用就是引导工业园区开发与引进外资，同时通过大规模征地来建设"政府组屋（廉租房）"，从而降低劳动力的雇佣成本以吸引外资；韩国在 1960 年代初期开始实施出口替代战略，逐步进入"投资推动阶段"。为了保障资本积累的连续性，韩国先后出台了《城市规划法》(1962 年)、《国家总体规划条例》(1963 年)、《土地区划整理事业法》(1966 年) 等一系列城市规划法规，以规范城市土地资源利用中各级政府、开发商、物权所有者等各种主体的行为。在"投资推动"阶段，深圳和抚顺的城市规划与这些发达国家早期的城市规划也基本一致。

4.3.1 资本主导下深圳的城市规划

在投资推动阶段，城市规划对城市发展所起的引导和调控作用主要是通过构建完善的城市增长支持系统，确保城市"以土地换资本"的实现。具体又体现在以下三个方面：

（1）引导城市土地开发，以合理有效地利用城市的"土地资源"。这一时期广泛强调的"规划是龙头"，实质上是希望通过城市规划引导城市土地批租和房地产开发，为招商引资服务并引导城市用地合理拓展。自被批准成为特区开始，深圳就开始对先行开发的深圳镇、蛇口、沙头角三个点进行小区规划，拉开了深圳城市规划的序幕。随后，1982年完成了《深圳城市建设总体规划》、1986年完成了《深圳经济特区总体规划》、1996年完成了《深圳总体规划（1996—2010年）》，这一系列城市总体规划及其相关配套规划（图4-14）的实施，促进了深圳带状组团式城市空间结构的形成和土地的合理利用，为城市快速成长提供了空间保障，得到广泛的关注与好评。

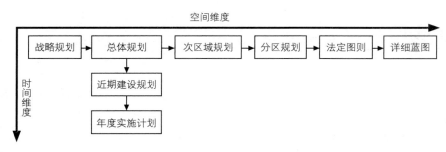

图 4-14　深圳城市规划体系

（2）构建完善的基础设施，从物质基础上保证"以土地换资本"的实现。城市基础设施作为城市存在和发展的物质载体以及城市经济增长的前提条件，其规划建设情况直接影响着城市发展。在"投资推动"阶段，城市规划的重要作用之一就是构建完善的基础设施，特别是对交通、水、电等基础设施进行统筹安排，这是1986年版《深圳经济特区总体规划》的主体内容。因此，这一阶段的城市规划在总体上呈现出"物质性规划"、"技术性规划"的特征。

（3）确保市场公正，从机制上保证"以土地换资本"的实现。在"投资推动"阶段，由于大量资本的涌入，投资项目在土地上的竞争非常激烈。此时城市规划的重要作用之一就是建立公开、公平、公正的城市土地市场秩序，遏制城市土地运营中的寻租行为和暗箱操作。深圳在这一阶段通过编制控制性详细规划并将其发展成为"法定图则"来保证市场公平,确保参与城市土地开发的市场主体按照平等的"游戏规则"来竞争和利用城市土地。这如同球场上的守门员，尽量防止违规项目得逞（图4-15）。但是，这一阶段由于城市规划面对的是政府、企业和个人的大量违规建设项目，因此城市规划的控制很艰难。

此外，资本也影响着城市规划这个职业。从规划编制过程来看，作为被支付工资的雇员，为表达出雇主所希望的内容而调整专业价值取向，已成为规划师一个颇受争议的问题。从规划实施管理过程来看，城市规划的严肃性、法定性、科学性、公正性在现实中一直都在经受着严峻的考验①。

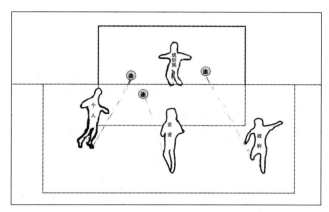

图 4-15　作为"守门员"的规划局

4.3.2　资本主导下抚顺的城市规划

　　日伪时期的城市建设规划主要是为了经济掠夺和殖民统治而服务的。这一时期的规划从欧美的近代城市规划理论出发，以功能主义为先导，借鉴了日本较为成熟的城市规划经验，具有一定的先进性。但是由于其制定和实施是在殖民主义的操控下进行的，主要动机是加速煤炭开采及巩固殖民统治，因此与城市发展的实际需要并不吻合。规划设计的城市工业用地、居住布局、环境保护、道路交通都只集中在重点建设区，工厂和居民区混杂、城市压煤严重、整体格局紊乱，给新中国成立后的城市建设造成了巨大的困难。

　　计划经济时期，抚顺城市规划的主要任务依然是为资源型工业建设服务。第一部城市总体规划以发展重工业尤其是煤炭工业为大规模经济建设重点，将城市的发展布局紧密围绕煤炭工业展开。1982 年版的城市规划更是重点突出了城市的生产性功能，主要针对石油化工工业进行规划布局，城市生活区围绕主要工业区发展，交通、给水排水等基础设施建设也是以重工业企业为核心展开。由于产业规模的迅速扩大及城市地下塌陷威胁的加剧，这一版的城市规划落后于实际发展情况，导致了城市生产和生活脱轨。

　　1990 年代以来，抚顺陆续编制了一批分区规划、专项规划、小区规划、控详规划，初步形成了适应当前城市投资主导和空间生产的规划体系，主要内容包括：

① 　陈有川. 规划师角色分化及其影响[J]. 城市规划，2001（8）：77-80.

（1）完善城市规划编制体系，对固定资产投资进行空间引导。进入 21 世纪初，随着大量资本的涌入和项目的开工建设，抚顺城市空间进入快速发展阶段。1978 年，抚顺城市建设用地面积仅为 91km²。到了 2005 年，抚顺市的城市建成区面积已经为 130km²。随着抚顺市沈抚新城、石化新城两个新城战略的实施，抚顺市引进了一大批重点项目，新增建设用地指标需求将大幅增加。

（2）处理"安全、发展、和谐"三者关系，促使矿城协调发展。正确处理经济建设和安全发展的关系是优化城市环境，提高城市发展质量，增强投资吸引力和可持续发展能力的客观要求。城市应该在安全的基础上推进发展，在发展的前提下实现和谐，在和谐的基础上保障更高层次的安全。抚顺 1996 年版的城市总体规划中，就已经认识到"煤矿生产及城下采煤，必须与城市发展建设协调一致"，因此专门提出了煤矿开采与城市协调发展的规划，主要措施有：煤矿生产及城下采煤沉陷区搬迁，服从城市建设和发展；坚持"先迁后采"，不搬迁不得开采；充分利用采煤沉陷区的土地和市政公用等基础设施，充分发挥其经济效益、社会效益及环境效益；结合当前煤矿生产，加快实施发展战略的转移；对采煤沉陷区范围内的土地的利用和城下采煤沉陷的搬迁措施都做了详细的规划。

（3）塑造良好的城市形象，提升投资环境。城市形象是一座城市的无形资产，是城市投资环境的重要组成部分。抚顺是一座具有深厚文化底蕴和鲜明特色的文化名城，挖掘地方文化内涵，重塑城市特色形象，是抚顺进入投资推动阶段最紧迫、最重要的任务之一。通过城市规划和城市设计来塑造城市形象，提升城市品质，成为抚顺吸引外来投资的重要手段。2010 年版的城市总体规划十分重视文化旅游产业的建设，针对城市形象的发展独立成章地进行规划，明确提出"通过经济、社会、文化和生态各方面的综合努力，使得抚顺成为辽宁省重要的、以浑河文明（满文化）为主要特色的、并具有山水特点的历史文化旅游名城"的发展战略。

第五章

创新主导下的城市发展与空间规划

5.1　创新主导下的区域与城市发展

　　创新主导是指经济增长主要依靠科学技术进步和制度变革提高生产要素产出率的增长方式。在创新主导下，创新已经从驱动经济发展的一般要素转变为经济发展的核心，并统领了整个经济体系，从而改变经济增长方式和发展模式。由于创新具有系统性特征，有关创新的研究也具有多学科交叉性的特点，单靠一个学科无法解决创新研究中涉及的所有方面，下面我们首先对全球创新推动型区域的典范——硅谷进行分析，探索其成功的奥秘，并以此探寻创新推动型区域成功的关键。

5.1.1　创新驱动型区域的典范——美国硅谷

　　美国硅谷位于加利福尼亚州（以下简称加州）北部旧金山湾区的南侧，最初仅指圣塔克拉拉 (Santa Clara) 山谷。随着高新技术产业的不断聚集，现在已经扩展至圣塔克拉拉县全部、圣马刁 (San Mateo) 县全部、阿拉米达（Alameda）县西南部、圣塔克鲁兹（Santa Cruz）县东北部，包括大大小小 40 余个城市，总面积达到 4800km² （图 5-1）。

图 5-1　硅谷地理范围示意图

　　2012 年这个区域总人口约 300 万，就业岗位 133 万，人均年收入 86540 美元。上千家高科技公司的总部设在硅谷，其中在福布斯排名前 500 名的大约 30 家，包括大家耳熟能详的苹果、英特尔、惠普、雅虎、谷歌、Facebook、甲骨文、思科、安捷伦等。这个区域被誉为全球科技园的楷模,创新型区域的典范。虽然近 10 年来,它先后遭受了两次金融危机的重创,但它依旧在不屈不挠地努力呈现给世人"最新的新东西"(the Newest New Thing)。

自 1980 年代以来,多个学科的学者都在努力研究它,以期探寻其成功的奥秘;各国政府都在努力模仿和复制它,以期打造一个提升本国科技创新能力和国际经济竞争力的新支点。但是 30 年过去了,对于竭力复制和模仿的各国政府而言,硅谷依旧是海市蜃楼,似乎是一个永远不能到达的彼岸。对于绝大多数世人而言,依然是一个"黑箱"。即使对那些身在其中的科技和金融精英,似乎也难以把握隐含其中的精髓。本节旨在通过系统分析硅谷的发展历程和成功的原因,来逐步揭开这个"黑箱"的盖子,尽可能将其原貌展示给读者。

1. 硅谷的自然环境

环境决定论认为:气候决定人的个性和智慧,人的个性和智慧又决定社会的发展,因此,气候决定社会的发展。18 世纪法国启蒙思想家孟德斯鸠在《论法的精神》中以气候的威力是世界上最高威力的观点为指导,提出应根据气候修改法律,以便使它适合气候所造成的人们的性格。德国地理学家拉采尔在 19 世纪末发表的著作《人类地理学》中认为,人和动植物一样是地理环境的产物,人的活动、发展和抱负受到地理环境的严格限制。其后美国地理学家亨廷顿在他的《文明与气候》一书中,特别强调气候对人类文明的决定性作用……虽然把人类文明和区域发展仅仅归结为环境因素的做法显然是简单的、片面的,但是人类又确确实实是在具体的自然环境中生存和发展的,因而文明的演进和区域发展的轨迹也就不可避免地要受到自然环境的影响。

硅谷的地理环境中最为突出的是它宜人的气候。硅谷所在的区域属于地中海气候,夏季凉爽干燥,冬季温暖多雨。最冷月 1 月的平均气温为 5.4 ~ 13.1℃,最热月 9 月的气温为 12.9 ~ 23.1℃,一年可以有超过 300 天的阳光充足的日子。虽偶尔会受地震的影响和威胁,这里仍被视为全球最适宜居住的地方之一。宜人的气候环境吸引了来自美国其他州和世界各国的大量移民,包括很多科技与知识精英。被誉为"硅谷之父"的特曼教授正是因为这里的气候有利于其肺结核的治疗,因此放弃了麻省理工学院的教职而留在斯坦福。谷歌 CEO 施密特也认为宜人的气候是硅谷吸引很多年轻人蜂拥而至的重要原因之一。

2. 大学和科研机构

旧金山湾区是世界上智力资源最为密集的区域之一,其中对硅谷的形成和发展影响最大的当属斯坦福大学和加州大学伯克利分校这两所世界顶尖的研究型大学。这两所大学在体现旧金山湾区自由、民主、包容文化和精神的同时又在努力强化这种独特的区域文化和精神，由此植下了硅谷创新和创业之根。

斯坦福大学建校之初即确定了的校训——"自由之风永远吹拂"，鼓励和保证学校师生能自由无阻地从事教学和相关的学科研究，这和当时美国东北部那些深受宗教影响的大学迥异。同时，斯坦福大学强调"实用教育"和"人尽其才、物尽其用"的教育理念，积极支持教师和学生创业，硅谷的许多企业都是斯坦福的校友创办的。

加州大学伯克利分校是美国最负盛名的顶尖公立研究型大学，素以学术自由和学生自治著称。在自由主义的熏陶下，加州大学伯克利分校新学科的建设特别引人注目，学校也非常注意对交叉学科、边缘学科的研究，例如文理学院就率先设立了一个学科专门研究同性恋和双性恋问题，从而在此领域取得了领先地位。

除与硅谷的兴起和发展直接相关的这两所大学外，旧金山湾区还聚集着加州大学戴维斯分校、加州大学旧金山分校、加州大学圣克鲁兹分校、旧金山州立大学、圣塔克拉拉大学、圣何塞州立大学、卡耐基梅隆大学西海岸校区、旧金山金门大学、东湾州立大学等著名大学，还有 9 所专科学校和 33 所技工学校，这些大学和技工学校为硅谷培养了大量的工程师和经营管理人才。

旧金山湾区也是世界知名实验室聚集地，包括航空航天局艾姆斯（Ames）研究中心、能源部劳伦斯·利弗莫尔国家实验室、能源部劳伦斯·伯克利国家实验室、斯坦福线型加速器中心、农业部西部地区研究中心五个国家实验室和施乐帕克研究中心、智能辅助研究中心、谷歌、苹果、英特尔、微软以及通用、福特等企业的研发中心。在这些实验室和研究中心里，科学家、软件和电力工程师的最重要的工作就是逐梦想象未来。

但是，值得深思的是，尽管旧金山湾区有着这些世界级的大学、国家实验室和企业研究中心，但是晶体管、集成电路、计算机、个人电脑和互联网、浏览器、搜索引擎、社交网络、智能电话等这些硅谷最引以为豪的产品，都不是由硅谷发明和创造的，都是在其他地方诞生以后，被引入硅谷而走向世界的。相反，旧金山湾区的一些重要发明或在全世界具有领先地位的科研成果，如激光应用、人工智能、虚拟现实技术等，并未获得应有的成功，作为后来者的日本却在这些方面取得了领先地位，这其中的原因或许需要从硅谷的其他条件中寻求答案。

3. 风险投资与中介机构

风险投资是成就硅谷的另一重要因素，它为科技创新之火注入商业利益之油。英国前首相撒切尔夫人曾说过："欧洲在高新技术方面落后于美国并非由于科技水平，而是由于在风险投资方面落后美国十年。"与美国整体风险投资的发展历程基本一致，硅谷早期的风险投资家主要是富有的个人和家庭，比如特曼教授以 538 美元资助惠普公司成立。1958 年美国《中小企业投资法案》施行以后，美国正式的风险投资公司迅速发展起来，硅谷逐渐成为美国风险资本的汇聚之地。如今在美国风险投资总额中，硅谷占 40% 以上，每年有近 1000 家风险投资支持的高科技企业在硅谷创业。硅谷的这些风险投资公司又都聚集在沙丘路（Sand Hill Road）3000号的一个小园区内，这里是美国风险资本的象征，其对于新兴产业的重要意义，已经相当于华尔街在美国证券市场的地位，因此这里也被称为"西海岸的华尔街"（图 5-2）。

图 5-2　硅谷风险资本汇聚的沙丘路 3000 号

硅谷也富有一种独特的创新投资回馈机制，创业成功者在赚钱后会积极支持其他人创业。创业成功者在参加聚会的时候并不是夸夸其谈他们赚了多少钱，而是他们为新创业者或其他公益事业花了多少钱。硅谷的一句格言是："当你在不富有的时候去积极创造，但你富有了就去积极支持其他人创业"，这与我国"穷则独善其身，达则兼济天下"的精神如出一辙。

除风险投资外，与硅谷的成长和发展相伴随的还有一大批创新创业的服务机构，包括：①以 Y Combinator、TechStars、Plug&Play 为代表的孵化器。根据 Y Combinator 的统计数据，硅谷的孵化器总数接近 100 家，他们不仅为创业企业提供相对廉价的办公空间和创业服务，也选择其中一些具有良好前景的企业进行风险投资。②以 Wilson Sonsini 为代表的高科技律师事务所，这些律师事务所专注于创业企业，为创业者和风险投资公司起草合作合同，为企业 IPO 提供法律帮助。尤其重要的是，这些法律公司不收现金，而以雇佣公司的股票作为佣金。③以科技创业聚会博客 Biztech、创业社交网络 Meetup 和"黑客旅馆"等为代表的创业者社交网络等。健全的各种中介服务机构不仅为硅谷的科技企业发展提供必备支撑，也积极走出硅谷，服务并影响着世界各国的科技园区。

4. 硅谷的文化基因

地域文化是一种隐藏的力量，经过长期历史积淀形成的地域文化形成一种习惯、一种传统、一种群体记忆，最后内化为地方居民的集体无意识和自觉服从的律则。硅谷是最近50年来在地球上盛开的一个绚丽的花朵，而孕育这绚丽之花的正是硅谷特殊的文化土壤。欲理解硅谷成功的秘密，必须了解硅谷所在区域——旧金山湾区的文化基因。

在17世纪，旧金山湾区以及整个北美西岸名义上属于英国的殖民地，但由于当时交通不便，英国人对这片土地并没有多少兴趣。到18世纪后期，西班牙传教士逐渐开始在北美西岸建立定居点，他们在旧金山湾区建立的最早城镇是旧金山（1776年）和圣何塞（San Jose，1777年）。1810年，墨西哥从西班牙独立后，这些传教士定居点也就归墨西哥管辖。1847年的美墨战争后，美国从墨西哥手中购买了包括今天的加利福尼亚在内的大片土地。此时旧金山湾区依旧是一个蛮荒之地，很多地方还可以看到流动沙丘。

正式启动旧金山湾区历史的是淘金热和西进运动。1848年在距离硅谷大约200km的山区发现了黄金，世界各地的淘金者蜂拥而至。旧金山成为移民和货物的集散中心，短短两年里其一跃成为美国第四大港。淘金热也进一步刺激了美国的西进运动，更多的冒险家纷纷从美国东部向太平洋西岸推进。淘金热和西进运动不仅使得湾区人口迅速增加、工商业蓬勃兴起、铁路修建和城市快速发展，也形成了敢于冒险、勇敢独立、求新求变、平等民主的西部精神和多元的移民文化，播下了反传统的激情和改变世界的信念。

旧金山湾区大规模的社会文化运动始于19世纪末，当时有两个有代表性的历史事件：一个是旧金山的一个民间组织在世界上掀起了第一次关于环保问题的抗议活动，他们成功阻止了加州政府在优山美地（Yosemite）修建水坝的计划。一个是另一个民间组织掀起了叫停美国与西班牙战争的反战运动。从美国的历史来看，发生在旧金山湾区的这些社会事件在当时是相对独立的，与美国其他地区似乎没什么关系，在其他地区的美国人看来也是比较怪异的。

"二战"以后，随着新一代移民和更多知识精英的到来，旧金山湾区进入文化繁盛时期。1950年代，旧金山是"垮掉一代"文学运动的诞生地，作家和诗人努力反抗当时道德与制度僵化的社会，他们支持精神自由和性解放、主张普及生态保护意识、反对文学作品检查制度、反对军事工业文明、反对全国性的政府权威，维护地方文化。1955年，世界上第一个女同性恋组织Daughters of Bilitis在旧金山诞生。1950年底和1960年代，视觉艺术、探索性电影、前卫音乐在旧金山和伯克利蓬勃发展。

1960年代是一个动荡的年代，全世界的年轻人都不约而同地掀起了反主流的大旗，法国爆发了波及整个欧洲的"五月风暴"，捷克掀起了"四月之春"，中国青年陷于"文化大革命"的狂热之中，此时的美国青年也积极投身于激荡青春、燃烧激情的社会运动中，而旧金山湾区正是这场运动的中心。1964 年在加州大学伯克利分校学生发起的言论自由运动（Free Speech Movement），是改变一代美国人政治和道德观念的标志性事件。1967 年的美国也出现了与中国当时类似的景象，来自全美以及欧洲的 10 万年轻人通过"大串联"涌向了旧金山的海特区和伯克利等地。全世界的嬉皮士都在这里聚集，他们穿着奇装异服，男女混住，在这里演奏音乐，吸食大麻，倡导恋爱自由和同居生活。许多陌生人居住在一起，分享共同的东西，同吃同住，探索另类生活方式，形成一个巨大的乌托邦公社，这就是著名的"爱之夏"（Summer of Love）运动。

1970 年代初，当美国深陷越战的泥塘，国内反战运动如火如荼之时，加州大学伯克利分校因为其激进的反战抗议而成为宣扬自由主义的桥头堡。这一时期，旧金山成为美国"同性恋解放运动"的主阵地。时至今日，在每年 6 月第四个星期日旧金山都会举行"旧金山的骄傲"（San Francisco Pride）的大游行，来自世界各地的同性恋云集于此，这里成为他们寻求个性解放、探索另类生活方式的国际大舞台。

旧金山湾区的移民文化和反主流文化一波接一波地冲击着美国并影响着整个西方社会，这里的人们具有冒险精神、追求个性的解放、敢于冲破传统的束缚、富有改变世界的激情，同时这里也是一个文化包容、思想开放的空间，能够为众多的奇思妙想和异端的生活方式提供一个庇护的场所，由此也就形成了挑战权威、鼓励冒险、宽容失败的创新文化和硅谷精神，带有牛仔和嬉皮士精神的硅谷工程师也由此成为改变世界的重要力量。

将硅谷与位于马萨诸塞州的 128 公路地区进行比较更能说明文化因素对硅谷成功的重要意义。128 公路是位于波士顿市外围的一条半环形公路，紧临麻省理工学院和哈佛大学等知名高校。从 1950 年代后期开始，由于冷战时期联邦政府的巨额研制资金和大量的军品订单，128 公路地区和硅谷一样创新活动极其活跃，晶体管、半导体芯片、电子计算机等都是这一时期的成果。到了 1970 年，128 公路地区已经成为美国首屈一指的电子产品创新中心，其规模和实力比硅谷还略胜一筹，被称为"金色半圆形"或"美国的高技术公路"。但 1980 年代以后，128 公路地区被后来居上的硅谷迅速赶超。在同一国家、起点相似的两个科技中心，在 1980 年代以后的发展境地却截然不同：硅谷蒸蒸日上，128 公路地区则一度衰落。其中的缘由有很多，越来越多的人认为这两个区域不同的社会文化是导致其发展结果不同的关键：硅谷崇尚冒险，而 128 公路地区相对传统、保守。

新英格兰地区是英国在美国最早的殖民地，波士顿则是这一区域的中心。受17 世纪英国保守主义和清教徒文化的影响，等级制度和独裁价值观一直影响着这一地区的文化。128 公路地区的大多数企业家和工程师来自新英格兰，因而这一区域聚集着传统的大型企业，企业等级森严、僵化、保守，缺乏自由氛围，由此使得这一地区的人力资源大量流向充满个性、机制灵活的硅谷。典型的如 Y Combinator 这一全球著名的孵化器就是在波士顿成立，而后将总部迁往硅谷的。

而硅谷的工程师来自五湖四海，没有传统的束缚，形成了基于校友和业缘关系的社会网络。硅谷的企业家也摒弃了传统的企业模式，力求将企业的目标转化成个人追求，极大地调动了员工的积极性，形成了"勇于创新、鼓励冒险、宽容失败；崇尚竞争、平等开放；知识共享、讲究合作；容忍跳槽、鼓励裂变"的特有文化，因而在个人电脑和互联网时代脱颖而出 [1]。

5.1.2　社会资本与创新

从硅谷成功的案例可以看出，良好的气候条件、知名的大学和科研机构、充裕的风险投资和定制化的中介服务机构只是硅谷成功的基本条件，而社会资本才是造就其成功的关键所在。"社会资本"是 20 世纪后期社会科学中兴起的一个研究领域，是由社会学家借用经济学中资本的概念来说明人与人之间的关系网络对社会发展的重要作用。社会资本的思想萌芽可以追溯到古典社会学家涂尔干的"集体意识"和齐美尔的"互惠交换"，但作为一种理论，一般认为始于法国社会学家布尔迪厄（P.Boudieu）和美国社会学家科尔曼（J. S.Coleman）[2]。进入 1990 年代以后，社会资本理论逐步向经济学、政治学、管理学以及城市规划等学科领域扩散，被世界各国学者作为一个重要概念来解释经济增长和社会发展问题。

由于社会资本理论研究的跨学科性质，迄今为止学术界还没有一个关于"社会资本"的统一定义，一些学者认为社会资本是一个定义模糊而又内涵丰富的概念[3]，是一个"雨伞术语"，它涵盖了社会结构、社会网络、文化、价值、信任、非正式组织、社会资源等相互联系的概念[4]。虽然不同领域研究的重心不同，思考问题的角度不同，但是对于社会资本的认识也有以下几点共识：①社会资本的内涵通常被界定为一个区域内的个体和组织通过长期交往互动与合作互利而形成的一系列认同关系，以及在这些关系背后积淀下来的历史传统、价值理念、社会文化和行为范式等。②社会资本是一种资源，是人与人之间建立信任、合作和采取集体行动的基础，能够为行动参与者带来回报，因此具有资本的含义。③社会资本不取决于单个个体，它存在

① 罗良忠，史占中. 硅谷与128公路——美国高科技园区发展模式借鉴与启示[J]. 研究与发展管理，2003（12）：49-54.
② 尚斌. 社会资本概念视角的"城中村"改造策略[J]. 规划师，2009（7）：91-99.
③ Lappe F.M. Du Bois, P.M. Building Social Capital without Looking Backward[J]. National Civic Review, 1997(2) :119-128.
④ Hirsch P.M. Levin D. Z. Umbrella Advocates Versus Validity Police: A Life-Cycle Model[J]. Organization Science, 1999(10): 199-212.

于网络和结构中，通过社会成员间的相互作用实现价值的增长。④社会资本具有共享性和非排他性。社会资本作为一种社会资源，具有公共产品的性质。同时，它不因任何社会成员的使用而减少，反而通过良性使用而促使成员之间联系互动更频繁，进而促进社会资本增值，但对社会资本的滥用会导致其贬值。⑤社会资本具有地域性。社会资本总是限定在一定的地理空间之中，如果脱离了特定的地理空间，社会资本的存在基础、运作机制与功能都不能实现①。

作为资本的一种形式，与物质资本和人力资本一样，社会资本这一概念本身就蕴涵了它具有促进经济发展的功能。而且，由于物质资本和货币资本的流动性都很强，唯有社会资本具有很强的根植性，因此对区域的长远持续发展更显得重要。国外有关社会资本与区域经济增长关系的文献中，肯定社会资本对区域经济增长有促进作用的文献也占了绝大部分②。

社会资本促进区域经济增长的一个重要途径就是提升区域的创新能力。在传统社会里，创新主要依赖天才的灵感，主要取决于一个个天才发明家和研究者独立完成的工作。而随着知识经济时代的到来，创新概念也已产生了重大变化，变成了一种基于知识的创新。它不再是由某些孤立的个人完成的独立事件，而是一种学习的过程、一种隐性知识和显性知识交流的过程③。因此，社会资本成为近年来用来诠释创新的核心术语，被认为是区域创新的重要基础条件：一方面，社会资本所包含的共享规范、价值观、制度关系与制度结构等有利于增强成员间的信任，从而降低交易费用，对技术合作产生重要的推动作用。另一方面，密集的社会联系与互动可以加速信息、知识等在群体间的流动与扩散，提高参与主体的创新效率和创新能力④。

对于一般区域而言，丰裕的物质资本是推动其发展的主要因素。而对于创新推动型区域而言，社会资本才是决定其兴衰成败的关键。区域创新体系是城市研究和规划的核心，多年来，或围绕创新主体，或围绕创新环境，学者们对创新体系的研究不断深化。在创新主体方面，由最初的"产学研"到"官产学研"再到"官产学研金"，创新主体不断扩展；在创新环境方面，从生态环境到制度环境再到社会文化环境，对创新环境的认识也不断深化。社会资本概念的引入，使得创新环境和创新主体得到了有机的统一，以信任、互惠、网络和规范为主要特征的社会资本是区域创新主体密切合作和一体化的根基所在。硅谷的成功有目共睹，社会网络、规范、信任等被普遍认为是硅谷成功的决定性因素，而这些也正是社会资本的核心内容（图 5-3）。

① 李安方. 社会资本与区域创新[M]. 上海:上海财经大学出版社, 2009.
② 刘灿, 金丹. 社会资本与区域经济增长关系研究评述[J]. 经济学动态, 2011(6):73-77.
③ 赵延东, 肖为群. 论创新型国家的社会结构基础——为创新积累社会资本[J]. 科学学研究, 2009(1): 127-132.
④ TuraT., Harmaakorpi V. Social Capital in Building Regional Innovative Capability: A Theoretical and Conceptual Assessment[Z] .ERSA conference papers ersa 03 p393.European Regional Science Association,2003.

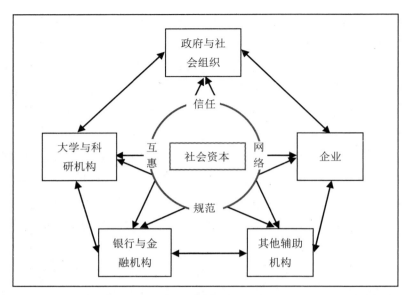

图 5-3　社会资本与区域创新体系关系示意图

5.1.3　深圳的转型

在投资推动阶段，"总量矛盾"是制约城市经济发展的主要矛盾，城市经济增长主要靠增加资本投入，在落后地区主要是通过"以土地换资本"来实现。但随着这一发展模式的逐步深入，传统生产要素（土地、资本和劳动力）进一步投入所产生的边际效益越来越小，仅仅依赖加大要素投入量来推动城市持续快速发展的可能性越来越小，并将最终碰到生产要素的瓶颈，出现"土地约束"、"资源约束"或者是"环境约束"等。此时，城市面临的主要矛盾是"质量矛盾"，城市发展模式不得不从增加要素投入向提高全要素生产率转变，通过不断地创新实现经济内涵式增长，也就是城市发展转型进入到创新推动阶段。

日益加剧的土地危机已经成为深圳经济增长的限制性因素，"以土地换资本"的发展模式难以为继。与深圳土地相伴随的还有三个"难以为继"，即能源、水资源难以为继；城市人口承载力难以为继；环境承载力难以为继。此时深圳发展的重点必须转向建立全社会共同推进创新的体制和机制，构建城市创新系统，不断增强城市创新能力，以此破解发展中土地、资源、环境、劳动力等诸多制约因素，也就是从投资推动阶段向创新推动阶段转型。

处于战略转型期的深圳，也适时地选择创新作为未来城市发展的主导战略，开始从"投资主导"向"创新主导"转型，以下是这一转变中的一系列标志性事件：

（1）2006年1月5日，深圳市委、市政府发布了2006年一号文件《关于实施自主创新战略建设国家创新型城市的决定》，该《决定》提出"把创新作为深圳未来发展的主导战略,努力建设国家创新型城市",并将人才置于首要位置,提出要"发挥人才第一资源作用,打造创新型人才高地"。

（2）2007年10月12日,在"第九届国际高新技术成果交易会"开幕式上举办《科技部、广东省人民政府、深圳市人民政府共建国家创新型城市框架协议》签约发布会。提出三方通过合作共建,在深圳建成创新环境优良的国家战略高技术创新企业的孵化中心,使深圳成为国家战略高技术研究开发的重要基地,并发挥深圳先行先试的"试验田"功能,在国家自主创新战略中起到试验、探索、辐射和示范作用。在深圳举办一年一度的"创新中国"论坛,并以此为载体,推动创新理念、创新思维、创新实践和创新理论的发展和扩散。

（3）2008年6月12日,国家发展和改革委员会批准将深圳列为全国第一个国家创新型城市试点,并明确了深圳创建国家创新型城市的总体目标:把自主创新作为深圳城市发展的主导战略,夯实创新基础,完善政策环境,增强创新能力,将深圳建设成为创新体系健全、创新要素集聚、创新效率高、经济社会效益好、辐射引领作用强的国家创新型城市。

（4）2008年9月19日,深圳市委、市政府发布《关于加快建设国家创新型城市的若干意见》,提出率先建成国家创新型城市、探索深圳特色创新之路、广聚创新资源、破解创新瓶颈、优化创新环境、强力推进国家创新型城市建设等目标和举措。

（5）2008年10月23日,深圳市政府发布《深圳国家创新型城市总体规划（2008－2015年）》,这是我国第一部国家创新型城市的总体规划,是深圳创新发展的行动纲领。该规划提出到2015年,深圳全社会研发投入占全市生产总值的比重达到5.5%以上,科技进步贡献率达到60%以上,比全国提前5年基本建成创新型社会。根据该总体规划方案,深圳围绕人才建设、产业发展、环境优化等核心内容进一步出台了一系列法规和政策（表5-1）。

深圳促进创新型城市建设的主要法规和政策 表5-1

	标题	发文日期
市政府文件	关于努力建设国家自主创新示范区　实现创新驱动发展的决定	2012年11月04日
	关于深入实施文化立市战略建设文化强市的决定	2012年04月23日
	关于实施引进海外高层次人才"孔雀计划"的意见	2011年04月02日
	关于加快转变经济发展方式的决定	2010年10月12日
	关于实施人才安居工程的决定	2010年05月14日
	关于促进创意设计业发展的若干意见	2009年12月06日
	关于加强高层次专业人才队伍建设的意见	2008年09月19日
	关于加快建设国家创新型城市的若干意见	2008年09月19日

	标题	发文日期
地方法规	深圳经济特区科技创新促进条例	2014 年 01 月 09 日
	深圳经济特区技术转移条例	2013 年 03 月 18 日
	深圳经济特区加快经济发展方式转变促进条例	2010 年 12 月 30 日
规范性文件	深圳市促进创客发展三年行动计划（2015—2017 年）	2015 年 06 月 17 日
	深圳市关于促进创客发展的若干措施（试行）	2015 年 06 月 17 日
	深圳市高层次专业人才学术研修津贴制度实施办法	2014 年 07 月 29 日
	深圳市人民政府关于印发未来产业发展政策的通知	2013 年 12 月 31 日
	深圳市科学技术奖励办法	2012 年 11 月 02 日
	关于促进科技和金融结合的若干措施	2012 年 11 月 02 日
	关于促进高技术服务业发展的若干措施	2012 年 11 月 02 日
	关于深化科技体制改革提升科技创新能力的若干措施	2012 年 11 月 02 日
	关于加快发展民生科技的若干措施	2012 年 11 月 02 日
	关于促进文化与科技融合的若干措施	2012 年 11 月 02 日
	深圳新一代信息技术产业振兴发展政策	2011 年 12 月 29 日
	深圳文化创意产业振兴发展政策	2011 年 10 月 14 日
	关于加快产业转型升级的指导意见	2011 年 10 月 28 日
	深圳新材料产业振兴发展政策	2011 年 08 月 03 日
	深圳市产业发展与创新人才奖暂行办法	2011 年 07 月 26 日
	深圳市高层次专业人才认定办法（试行）	2010 年 04 月 19 日
	深圳新能源产业振兴发展政策	2009 年 12 月 30 日
	深圳互联网产业振兴发展政策	2009 年 12 月 28 日
	深圳生物产业振兴发展政策	2009 年 09 月 16 日
	深圳市国（境）外高级专家特聘岗位管理办法（试行）	2008 年 09 月 20 日
	深圳市高层次专业人才子女入学解决办法（试行）	2008 年 09 月 20 日
	深圳市高层次专业人才配偶就业促进办法（试行）	2008 年 09 月 20 日
	深圳市高层次专业人才住房解决办法（试行）	2008 年 09 月 20 日
	深圳市创新型产业用房建设方案	2008 年 09 月 21 日
	关于加强自主创新促进高新技术产业发展若干政策措施	2008 年 09 月 21 日

资料来源：深圳市科技创新委员会网站 http://www.szsti.gov.cn/info/policy/sz。

深圳良好的创新能力和创新环境与其特有的社会资本紧密相关。改革开放后，深圳率先突破计划经济的束缚，以"敢闯敢试"和"拓荒牛"的精神领全国改革开放之先。大量外来移民以其艰苦辛勤的劳作和渴求成功的努力，创造了深圳开放包容的移民文化和早期深圳"团结、奉献、开拓、创新"的城市精神，为深圳前一阶段的腾飞和创新奠定了坚实的基础。

深圳未来创新型城市建设的关键依然在社会资本。当前深圳的社会结构呈现出"倒 T 形"，即总体上社会地位较低的阶层集中了绝大部分的人群，其显著特征是文化程度不高、收入相对较低。这种结构与现代西方发达国家城市的"纺锤形"（社会中间层占据多数，也称"橄榄型"、"菱形"）社会结构是完全不同的，与香港、北京、上海等城市相比也具有很大差异，是一种失衡的、高风险的社会结构，容易引发大量社会冲突。武艳华等人的调查研究结果也表明：深圳社会凝聚水平一般，且阶层差异、城乡差异和代际差异较为明显。随着城市化和工业化的深入，贫富分化加剧，城市社会凝聚问题将会日益凸显[①]。因此，现阶段深圳市政府应该努力发展教育和培训，优化分配方案，构建中间者阶层占主体的社会结构，促进社会公平和社会参与，提升社会凝聚和社会质量，进一步增进深圳社会资本积累。

5.1.4 昌平的转变

昌平是北京市的一个市辖区，位于北京主城的西北部，被誉为"密尔王室，股肱重地"，素有"京师之枕"的美称。新中国成立以来，昌平一直承担服务北京和被动接受要素扩散的任务，近年来在承接北京流动人口外迁、保障性住房建设等方面作出了巨大贡献。从发展动力来看，昌平区近十年来属于典型的投资驱动（图5-4）。房地产是昌平固定资产投资的主体，其中政策性住房比重较大（图5-5），约占 1/3。投资推动和被动承接要素扩散的发展模式必然会导致昌平传统生产要素面临要素瓶颈。以土地为例，目前昌平规划的城镇建设用地 $142.21km^2$ 中，已占用 $97.53km^2$，仅有 $44.68km^2$ 存量。按照 2005 ~ 2012 年城镇用地面积年均增长 $4.43km^2$ 的速度计，存量用地尚可使用 10 年左右。因此，昌平亟须转变发展模式。

与其他郊区县相比，昌平区近年经济发展方向不明确，受外部影响显著。一是经济增长速度较低，昌平与快速发展的顺义、大兴等其他郊区县相比，无论是经济总量还是人均 GDP 水平都差距呈扩大趋势（图5-6、图5-7）。二是产业结构调整缓慢，尤其是第三产业占比增加缓慢（图5-8）。2004 年三次产业结构为 2.3：47.4：50.3，2012 年三次产业结构为 1.8：44.6：53.6。

---

① 武艳华，黄云凌，徐延辉. 城市社会凝聚的测量：深圳社会质量调查数据与分析［J］. 广东社会科学，2013（2）：210-219.

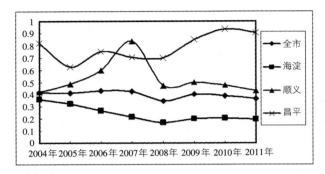

图 5-4　昌平区与其他区县固定资产投资率比较（2004~2011 年）

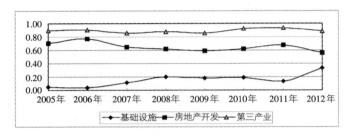

图 5-5　昌平固定资产投资构成

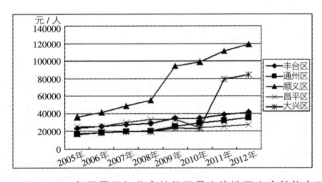

图 5-6　2005~2012 年昌平区与北京其他区县人均地区生产总值变动比较

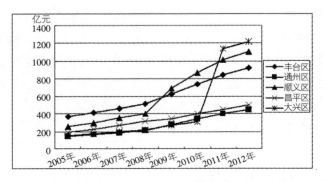

图 5-7　2005~2012 年昌平区与其他区县地区生产总值变动比较

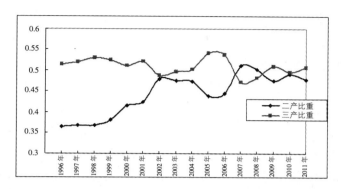

图 5-8　1996~2011 年昌平区第二产业和第三产业比重变化趋势

进入 21 世纪以后，尤其是 2008 年金融危机以后，一批高端创新资源向昌平聚集。目前昌平聚集了 100 多家各类科研机构、43 所各类大专院校、6 个大学科技园、14 家科技企业孵化器、18 个市级以上重点实验室、35 个企业技术中心、14 个工程技术研究中心。新成立了未来科技城、沙河科教园、创新基地、生命科学园、昌平园、TBD 等重要功能区（图 5-9）。

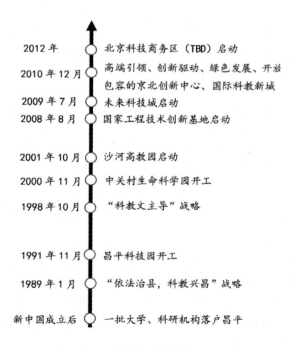

图 5-9　昌平创新要素聚集示意图

自 2010 年以来，昌平区提出要紧紧抓住建设中关村国家自主创新示范区核心区的重大历史机遇，全力打造京北创新中心，大力推动产业结构调整，进一步深化改革开放，使昌平经济发展尽快走上高端引领、创新驱动的轨道，为北京建设国家创新中心提供重要支撑，成为高端引领、创新驱动、绿色发展、开放包容的京北创新中心和国际科教新城。

昌平境内各种高端创新要素在短期内大量聚集，这对于昌平实现"京北创新中心、国际科教新城"目标形成了十分有利的支撑。但总体而言，昌平区还处于典型的外力主导、嵌入式发展过程中，孤岛式发展特征明显。除了生命园外，上述产业功能区内产业集群尚未形成，各功能区之间以及功能区内部的互动和交流较少，对本地经济社会发展带动性弱，社会凝聚力和认同感不足。为此，昌平区未来实现创新驱动的关键的核心仍然在于增进社会资本，实现"强经济"与"强社会"互动发展，具体举措包括以下三个方面。

1. 增强社会资本，加速创新网络的形成

社会资本的累积是个长期复杂的历史过程，任重而道远，不是一蹴而就。传统意义上的区域社会资本一般存在于家庭和传统社会，其对现代公民社会的构建、现代企业制度的建立和运行等都存在一种逆向作用力。现代意义上的区域社会资本建立在现代公民权利、义务之上，它超越了基于传统血缘、亲缘关系之上的区域社会资本，是建立在地缘、文缘、业缘、史缘之上的。建立在地缘之上的长期良性互动则形成区域认同；建立在文缘之上则积淀为区域文化；建立在业缘之上，则建构起制度化和非制度化的信任、规则、网络体系[①]（表5-2）。

传统与现代的区域社会资本比较   表5-2

类型	传统的区域社会资本	现代的区域社会资本
起源	基于血缘、亲缘之上，构成以熟、亲、信为特征的家族式文化、网络与认同等	基于地缘之上，形成区域认同；基于文缘之上，积淀区域文化；基于业缘之上，形成信任、规则、网络；基于史缘之上，积淀区域历史
存在方式	家庭、传统社会	社区、现代社会

资料来源：陈秋玲. 区域社会资本：开发区发展的目标与路径依赖[D]. 上海：上海大学博士论文，2005.

昌平现在正处于传统社会资本衰落和现代社会资本构建的关键时期。一方面，随着城市化的推进，大量农村土地被征用，农村居民住房被拆迁，原有的基于血缘和亲缘关系的社会资本开始瓦解；另一方面，随着大量外来移民的进入，基于地缘和业缘关系的现代社会资本亟须建立起来。即只有当原住民和新移民都将昌平作为他们共同的"家园"时，才能产生维护区域文明和参与社区事务的自觉热情（表5-3）。

---

① 陈秋玲. 区域社会资本：开发区发展的目标与路径依赖[D]. 上海：上海大学博士论文，2005.

昌平与硅谷社会资本的比较　　　　　　　　　　　　　　表 5-3

要素	基础指标	硅谷	昌平
规则体系	法律法规体系	制定了完善的法律法规体系，如知识产权、技术许可证、移民、环境标准等方面的法律法规	地方本身不具有立法权，国家和北京市在这些方面的法规体系正在完善过程中
	政策体系	制定的政策体系公平对待所有自然人和法人，居民、企业的遵从度较高	地方政策体系不完善，现行政策对"低端"产业和普通外来人口具有排斥性
	市场规则体系	股票期权等产权制度的安排有利于留住人才；硅谷劳动力市场的规范性、高流动性促进了硅谷技术交流网络的形成，促进了技术扩散	产权制度还不完善，本地高素质劳动力市场不发育，规范性和流动性较差
网络体系	纵向社会联系	地方政府为硅谷的应用研究型机构的研究开发提供资助，并且成为砖谷高科技产品的主要用户；支持高科技产业持续发展	地方政府支持力度大
		正式和非正式的非政府组织、强大的以人际关系网为基础的地区商、协会等组织支持人们以及企业在一个活跃的网络中互相联系	由于主要发展动力是外生的，各个主体的嵌入性强，非政府组织作用弱
	横向社会联系	硅谷企业与实用性研究型大学建立紧密的经济联系；后者提供创新技术及培养技术和管理人才，创造了硅谷的社会经济结构网络	本地企业与本地大学联系弱，良性互动关系尚未形成
		硅谷企业与 6 个社区学院建立密切的联系，后者为硅谷培训专业技术工人。硅谷为社区居民提供就业机会，两者之间形成和谐共生关系	
		形成了良好的公众关系，在社区建设和解决社区问题的方法上开辟新的领域，如建立社区基金和风险慈善机构，捐助社会公益等	不明显
		硅谷企业与风险投资家建立紧密的联系，风险投资家成为硅谷社会结构的核心部分	风险资本弱小
		律师行专擅知识产权、技术许可证、移民等方面的法律，为硅谷企业重大战略决策提供法律咨询服务，成为硅谷社会资本结构的不可或缺的部分	科技服务机构弱小
信任体系	对区域社会的承诺	对区域社会居民利益从总体上是利远远大于弊，损害程度较小	缺失，地方政府、老昌平人和新昌平人之间的信任关系面临危机
		硅谷企业确保在圈外的整个社区都受到尊重，以提高在居民中的公信度	—
	对规则体系的承诺	对法律法规、市场规则、政策体系的遵从度一般都比较高，形成了良好的公平竞争环境	—
	对生态环境的承诺	有严格的环境法规约束，以 ISO14000 环境标准体系认证为标尺	生态环境正受到高度重视和日益严格的保护
		硅谷高科技产业对区域生态环境造成的污染程度较小	

要素	基础指标	硅谷	昌平
历史文化要素	价值理念	信息共享、共同参与的价值理念有助于硅谷建立信息交流网络	信息共享、共同参与的价值理念尚未形成
	区域文化	推动持久的社区导向的企业文化环境建设，确保企业员工从社区服务中平衡他们的生活	区域文化尚未形成
	行为范式	地区内部重视合作而不是竞争，从而形成紧密合作和规范竞争的市场理念	竞争和合作都不强

完善的人格、高度的文化认同与志愿的民众参与是社会资本不可或缺的三个有机组成部分，也是新世纪社会转折的革命性标志。当前昌平社会资本培育最重要的工作包括：①在产业集群化发展中培育社会资本。决定产业集群发展的不仅包括人力资本和物质资本，还包括社会资本，社会资本是决定产业集群发展壮大以及提升竞争能力的重要因素。同样，产业集群的发展壮大也将有利于社会资本在整个区域内的积累。因此，要以科技服务产业集群发展为契机，完善政策和制度建设，在新兴产业集群发展中培育社会资本。②在社区建设中培育社会资本。③通过"昌平精神"的打造培育社会资本。④通过空间规划培育社会资本。

2. 以人才为本，强化人才特区建设

在投资主导的社会，产业是决定区域发展的核心因素，只要引进了产业，劳动力和其他要素也会向产业所在地聚集。因此，"招商引资"被置于区域发展的核心位置，居住和生活等设施被置于从属地位。创新驱动发展是"以人才为本"的发展，与"生产要素驱动"和"投资驱动"不同，"创新驱动"强调通过智力资源去开发丰富的、尚待利用的自然资源，逐步取代已经面临枯竭的自然资源，节约并更合理地利用已开发的自然资源。因而，在创新驱动发展阶段，"人的智力"成为第一生产要素，知识、信息等无形资产成为主要的要素投入。

因此，人才是推动昌平经济社会发展的"第一资源"，要把经济特区的理念及经验延伸至人才领域，探索建设人才特区。为此，需要进一步加大改革创新力度，不断提升昌平人才特区建设的特色化、国际化、市场化、系统化水平，具体措施包括：①全面贯彻落实《关于中关村国家自主创新示范区建设人才特区的若干意见》和北京市委、市政府《加快建设中关村人才特区行动计划（2011—2015 年）》，根据中央人才工作协调小组、人才特区建设指导委员会的要求，北京市相关部门整体联动，资源整合，加快推动落实资金奖励及财政扶持、股权激励、人才培养、人才兼职、落户、住房、配偶等各项具体支持政策，全面落实人才特区的建设任务。②把人才兼职政策落到实处，面向北京地区高校、科研院所，协调推动大学教师、研究人员到人才特区创办企业或到相关企业兼职，允许其在项目转化周期内，个人身份和职称保持不变，享受股权激励政策；支持人才特区企业的专业技术人员到高校兼职从事教学科研工作。③强化居住环境建设。美国、英国等国家的成功经验表明，居住环境建设是人才工作的"牛鼻子"，发展环境越好，吸引集聚的人才也就越多。在创新驱动阶段，生活和服务设施不再处于从属地位，不再处于"配套"功能，而是吸引人才、留住人才和促进人才创新能力发挥的先决条件。因此，要从过去"以产兴城"转变到"以城促产"，要积极营建舒适宜人的人居环境、便利的生活服务设施，昌平的房地产业也需要从"拉动经济增长"转变到"支撑和服务创新推动"的轨道上来。

3. 制度创新，完善区域创新政策体系

制度重于技术，作为一系列被制定出来的规则，制度旨在约束追求主体利益或效用最大化的个人行为，具有根本性、全局性、稳定性和长期性特点。能否构建出充满生机与活力的区域创新体系，关键在于是否设计出了有效的激励创新的制度体系。只有建立有效的制度，才能使各种独立的创新主体和要素互动起来，形成相互作用、相互促进的整体，才会对创新主体产生极大的激励和规范作用。政策是制度的支撑和落实，为了提升昌平区域创新环境，必须从以下四个方面入手进行制度创新和政策建设：①为创新主体提供激励。运用研发投入、财税优惠、项目资助、加速折旧等政策工具降低创新活动的成本，提高创新活动的收益。②构筑区域内外创新主体的合作机制。为创新体系内各创新要素的互动与协作提供一个基本框架，从而使各种创新要素积极互动起来，促进昌平各功能区走出孤岛、融入区域。③吸引人才落户昌平。这需要从户籍、住房、子女入学等方面入手进行制度创新，配合相关的政策建设，使昌平真正成为一个人才特区。④降低创新活动的不确定性，增加可预见性。探索具有中国特色的知识产权保护制度，促进大学、企业和科研机构的合作开发，打破企业原有技术路径锁定，降低创新投资风险。

5.2　创新驱动型城市的空间结构——以昌平为例

区域创新体系本质上是一个功能关系模型，本身并不具有明确的空间关系。虽然各个创新主体都具有各自的区位特征，但区域创新体系模型所描述的结构意在揭示创新主体之间的功能关系，而非在具体地理环境下的空间分布，因此很难直接指引城市空间规划实践。本节主要以昌平为例来对区域空间结构演进进行描述，并根据当前昌平创新推动下空间结构的发展态势对其未来进行规划，以期揭示创新主导下城市空间结构的特征与态势。

5.2.1 昌平空间结构的历史演进

回顾昌平历史，可将昌平空间结构的演进过程划分为以下三个阶段。

1. 据点式发展阶段（新中国成立前）

在辽以前，从北京经居庸关至塞外的南北大道是沿西山山麓北行，因此沿这条交通线曾出现一些较大的聚落或集镇。至元代以前，昌平所在区域形成了旧县、阳坊和白浮三个规模较大的集镇，旧县是当时的县治所在。明代十三陵修建后，昌平县城从距离南北大道较远的旧县迁至永安城（即今昌平镇）。清代昌平镇进一步成为这一区域的政治和军事中心，商业也有一定的发展，新中国成立时已有商铺100余家。昌平县城的变迁导致了沙河区域的发展，巩华城行宫和沙河漕运的修建使得沙河进一步成为重要的水运码头和商业贸易中心地。因此，在明代，昌平县形成永安城和沙河两大中心共存局面，永安城是州治所在地，功能是行政和军事，沙河则是仓储贸易商业中心。清朝，沙河由于离京城更近，便于屯兵卫戌京城，其军事地位的重要性超过了永安城（图5-10）。

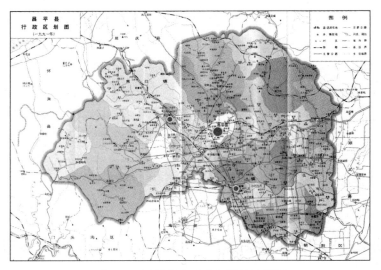

图 5-10 昌平据点式空间结构示意图

从1906年起，伴随着京张铁路的修建，以南口火车站和京张制造厂为中心，一个集交通枢纽、商品集散与工业制造为一体的近代城镇在南口迅速形成（图5-11）。1912年，南口成为建制镇。京张铁路也在沙河设站，进一步促进了沙河的发展。新中国成立前,沙河已有商铺50~60家，并建有百人规模的烧锅厂一个。从事工商业、手工业人数达700~800人，全镇总人数达3000人左右，继续作为昌平县的商业中心。

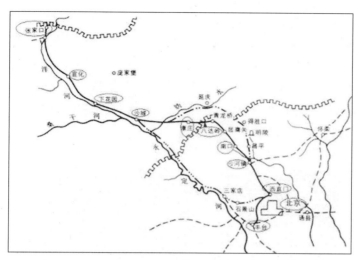

图 5-11　京张铁路走向与城镇发展示意图

（资料来源：中共昌平区委党史办公室. 昌平建设史 [M]. 北京：北京出版社，2007.）

2. 单一轴线发展阶段（新中国成立后至 1990 年代中期）

新中国成立后，昌平镇作为全县政治和文化中心的职能得到进一步强化。南口机车车辆厂得到了空前的发展，北京保温瓶公司、平板玻璃集团公司、汽车钢圈厂、水泥机械厂等一批具有较大规模的工业企业相继落户南口镇，带动了市政、教育、文化、商业及卫生事业的发展，城镇设施总体水平不断提高，许多人自豪地称南口镇为"小北京"。沙河在新中国成立以后也布局了一定数量的工业企业。

改革开放以后，昌平经济要素和北京市转移出来的产业进一步向京张铁路和京张公路沿线聚集，形成了一条产业发展轴线，昌平镇、沙河镇、南口镇规模继续扩大，沿线其他乡镇也逐步发展起来。到 1980 年代末，京张铁路沿线地带集中了全县绝大部分工业，回龙观、沙河、马池口、昌平、南口 5 个乡镇工业总产值占全县工业总产值的 90% 左右（表 5-4）[①]。

1989 年昌平、南口、沙河三镇基本情况　　　　　　　　表 5-4

	昌平镇	南口镇	沙河镇
建成区面积（km²）	5.13	4.7	3.6
工业企业数量（不含村办与个体工业）	30	16	11

资料来源：中共昌平区委党史办公室. 昌平建设史 [M]. 北京：北京出版社，2007.

3. 一主一辅复合轴线阶段（1990 年代中期至 2008 年）

1990 年代中期以后，京张铁路和京张公路沿线产业进一步聚集，这一轴线南

---

① 高洁. 北京市昌平区村镇空间结构演变研究[D]. 北京：北京工业大学硕士学位论文，2009.

端开始形成以居住功能为主的居住组团，轴线中部昌平科技园开始建设。尤其是2001年八达岭高速通车后，这一轴线的聚集功能进一步强化。同时，受中关村科技园的带动，这一轴线的高科技产业发展势头迅猛，从南至北，西侧依次是生命科学院、北汽福田产业基地、中关村国家工程技术创新与产业化基地、埝头工业区、南口产业聚集地；东侧依次是国际信息园、中科院产业基地、沙河高教园区、中关村科技园昌平园（图5-12）。

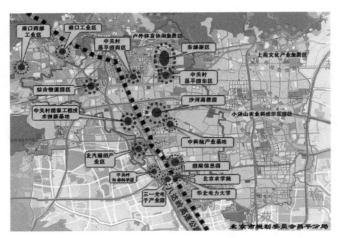

图5-12 八达岭高速高新产业轴示意图

[资料来源: 北京市规划委员会昌平分局. 昌平新城规划（2005-2020年）]

东部平原区依托房地产业、都市农业和休闲旅游产业的发展也形成了一条初具规模的新兴产业轴。1990年代中期以后，随着立汤路的扩建，沿线串联起了多个休闲康体、现代农业、都市休闲产业为主要功能的产业区。这是昌平境内第二条具有产业集聚功能的轴线，是具有产业带动能力的新兴轴线。同时，随着北京市郊区化向远郊区县的空间拓展，该轴线也成为北京疏散中心城人口的重要地区，新增居住功能。大量房地产开发项目在小汤山镇、七家镇、东小口镇开工建设。

5.2.2 昌平空间结构演进态势

作为北京的一个郊区县，昌平空间结构的形成很大程度上与北京市整体空间结构的演进和中关村的发展态势具有很强的相关性。因此，要明确昌平未来空间结构的演进方向，必须先对北京整体空间结构发展阶段和中关村的发展态势有清楚的认识，进而在昌平区历史演进和现状的基础上明确未来的空间结构。

北京在2004年的总体规划中已经明确提出："在北京市域范围内，构建'两轴-两带-多中心'的城市空间结构"和"逐步改变目前单中心的空间格局，加强外围新城建设，中心城与新城相协调，构筑分工明确的多层次空间结构"（图 5-13）。近些年，北京正在努力疏解城市中心区功能，积极发展新城，北京已经整体上进入多中心网络化发展阶段。通过中心城市职能向外疏散，北京可有效降低聚集不经济，并通过在更大空间尺度，即区域层面上的再集中获取整合效应，实现城市的可持续发展和竞争力提升。而且，多中心、网络化的城镇群体结构能够对信息化、生态化的当代空间发展目标作出及时而准确的响应，还能够更好地发挥城镇群体的自组织与他组织机能。昌平是北京多中心、网络化空间结构的重要组成部分，因此昌平未来的空间结构要顺应北京的这一趋势。

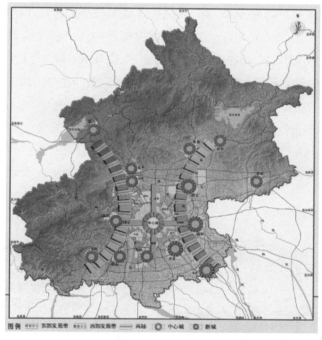

图 5-13　北京"两轴两带多中心"示意图
[资料来源：北京市规划委员会. 北京市总体规划（2004-2020 年）]

中关村是我国最大的高端科技创新资源聚集区，一直处于引领我国高新技术产业发展和创新型区域建设的前沿。党中央、国务院高度重视中关村的发展，国务院先后 5 次作出重要决定：1988 年 5 月，国务院批准成立北京新技术产业开发试验区（中关村科技园区前身），由此中关村成为中国第一个高科技园区；1999 年 6 月，国务院要求加快建设中关村科技园区；2005 年 8 月，国务院作出关于支持做强中关村科技园区的决策；2009 年 3 月 13 日，国务院批复建设中关村国家自主创新示范区，要求把中关村建设成为具有全球影响力的科技创新中心，这也是我国第一个国家自主创新示范区；2011 年 1 月 26 日，国务院批复同意《中关村国家自主创新示范区发展规划纲要（2011—2020 年）》，成为中关村发展新的里程碑。

　　《中关村国家自主创新示范区发展规划纲要（2011—2020 年）》提出："中关村国家自主创新示范区要秉承面向世界、辐射全国、创新示范、引领未来的宗旨，坚持'深化改革先行区、开放创新引领区、高端要素聚合区、创新创业集聚地、战略产业策源地'的战略定位，服务于首都世界城市的建设，力争用 10 年时间，建成具有全球影响力的科技创新中心和高技术产业基地"。承担时代赋予的历史使命，中关村必须加速创新发展步伐，进一步增强引领创新的功能。2011 年中关村实现总收入 1.96 万亿元，2020 年的目标是 10 万亿元，和 2011 年硅谷经济总体大体相当，这必然会进一步推动创新要素和相关产业的空间扩张。

　　中关村科技园也正在经历从以中关村科学城为核心的区域不断向海淀北部和昌平南部拓展的过程。未来若干年，这一区域将成为中关村科技园新的核心区。2013 年 1 月，中关村昌平园扩区 $40km^2$，整个园区达到 $51.4km^2$，涉及 13 个镇街 29 个区块，昌平南部地区整体纳入中关村核心区和北部产业带范围，在中关村"两城两带、一区多园"的发展格局中占据了更加突出的位置。未来昌平园将担负建设其中"一城一带"的重大任务，即未来科技城、北部研发服务和高新技术产业带。这意味着，中关村昌平园已经成为中关村第三大园区，肩负更为重要的责任与使命。因此，作为中关村科技园空间扩展的重点区域，昌平之于中关村，正如 San Jose 之于硅谷（图 5-14）。

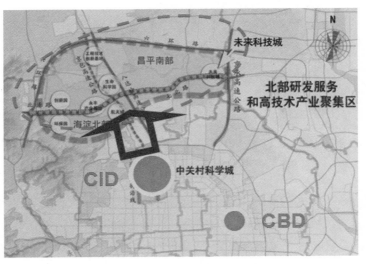

图 5-14　中关村空间拓展示意图

　　伴随着北京市空间结构多中心网络化的推进和中关村科技园区各种要素向昌平南部区域的聚集，近几年昌平陆续建设或正在建设一批高端功能区（表 5-5），主要包括：

（1）未来科技城。未来科技城于 2009 年 7 月正式启动建设，规划总面积约为 10km²。总体定位于具有世界一流水准、引领我国应用科技发展方向、代表我国相关产业应用研究技术最高水平的人才创新创业基地，使之成为中国乃至世界上创新人才最密集、创新活动最活跃、创新成果最丰富的区域之一。目前未来科技城共入驻 24 家中央企业。

（2）中关村国家工程技术创新基地。该基地由科技部和北京市政府共同发起建设，是促进我国技术进步和增强自主创新能力、推进工程技术原始创新、引进消化吸收创新的平台，规划面积约 4km²。创新基地功能定位是能源、科技、关键材料、核心零部件和重大装备的研发基地；检测实验、情报信息、技术交易、企业孵化和人才培训的技术服务基地；推动应用型院所深化改革和产业化发展的示范基地；承载国家中长期科技规划中若干产业前沿攻关项目的技术集成创新基地。目前入驻项目三家：中国石油科技创新基地项目；中国移动国际信息港项目；"重大工程材料服役安全研究评价设施"暨"国家材料服役安全科学中心"项目。

（3）TBD 科技商务区。北京科技商务区（TBD-Technological Business District），位于北清路—七北路沿线与八达岭高速沿线两条高新技术产业带的金十字交点上，衔接着海淀、昌平两大科技创新板块，占据着科技创新要素流动的枢纽位置。TBD 将以中关村建设具有全球影响力科技创新中心的发展战略为契机，重点发展科技金融、科技商务、研发服务三大新兴业态，打造新一代信息技术和生物产业两大产业集群，构建"3+2"高端、高效、高辐射的产业体系，成为京北地区集聚科技金融和科技商务的战略要地、拉动高技术地带发展的强力引擎以及提升京北城市服务功能、优化城市空间格局的重要举措。项目总占地面积约 55km²，规划建设五大功能区，包括：以生物研发功能为主的生命科学园，以创投、风投、金融服务功能为主的科技金融岛，以技术交易、商务服务功能为主的科技商务区，以文化休憩、运动休闲功能为主的科技运动公园，以新一代信息技术研发为主的京北数码港。

（4）昌平新城东区。昌平新城东区位于老城区东侧，与老城区一水相隔，是未来昌平新城建设的重要区域，占地 11.45km²，规划总建筑面积 1061.2 万 m²，规划居住人口 15 万人。昌平新城初步定位于创意新城，重点发展科技创新、文化娱乐、创意设计等产业。

（5）未来文化城。未来文化城位于未来科技城西南侧，占地面积约 6km²，将打造一个集文化创意、科学普及和娱乐休闲于一体的大型功能区，与未来科技城形成科技与文化的互相呼应和良性互动，使之成为中关村北部产业带又一重要发展极和中国特色世界城市文化支点。

（6）沙河高教园区。沙河高教园区是北京为落实"科教兴国"战略重要举措，保证首都高等教育在新世纪可持续发展的重大战略部署，是北京城市总体规划中昌平新城的重要组成部分，是一个以高等教育为中心，融学习、工作、居住为一体的现代化学园都市。沙河高教园区建设遵循"政府主导、政策支持、统一规划、多元投资、高校主体、资源共享"的原则，按照"高起点规划、高水平设计、高标准建设、高效能管理"的理念建设。目前，中央财经大学、北京航空航天大学沙河校区、外交学院沙河校区已建成开学，北京邮电大学已经开工建设，北京师范大学正在办理前期手续。

（7）北京工程机械产业基地。该基地由北京市经信委、发改委和科委联合论证批准设立，位于昌平南口镇工业区内，规划面积4154.7亩。将重点发展桩工机械、起重机械、盾构机械、挖掘机械、石油机械、风电机械等整机设备研制企业；配套发展关键液压件、传动件、新型结构件、专用控制系统、发动机等关键零部件生产企业；相应发展技术咨询业、工程机械租赁业等生产性服务业。目前，北京三一重机有限公司、三一风电机械有限公司两家企业已入驻。

（8）北京新能源汽车设计制造产业基地。该基地位于福田汽车公司昌平厂区，总占地1000亩，已经形成各类替代能源和新能源客车5000台及高效节能发动机40万台的年生产能力，是目前中国规模最大、品种最全的新能源汽车设计制造工程基地之一。

昌平多中心功能区一览表　　　　　　　　　　　　　　　表5-5

中心	区域
行政中心	昌平新城西区
高等教育中心	沙河高教园
应用技术研发中心	未来科技城和创新基地
创新服务中心	TBD
文化产业中心	未来文化城
文化创意中心	昌平新城东区
装备制造业中心	北京工程机械产业基地
新能源汽车产业中心	北京新能源汽车设计制造产业基地

5.2.3 昌平未来空间结构规划

根据以上分析，昌平未来空间结构规划的核心思路是"多中心、板块化"。多中心是指在经历了据点式发展和轴线扩展后，近年来随着一系列高端功能区的建设，昌平已经步入一个多中心的时代。这些中心不仅是昌平的中心，也是北京相关产业的中心。未来昌平应顺应空间多中心发展的趋势，强调构建面向京津冀的开放格局，在功能上强调分工与合作，在治理上强调通过对话和协调实现权利平衡和利益分配。板块化一方面是指产业的集群化布局，另一方面强调的是工作、生活、休闲的协调发展。自主创新型产业和服务创意产业具有技术含量高、对环境影响小、区位选择灵活、对居住和公共服务等功能的需求较高等特征，与传统产业技术含量低、高污染、区位选择灵活度小等特征形成了鲜明的对比。因此，对于昌平未来的产业布局而言，重点不是研究把特定的产业放在特定的区域，而是关于产业、创新和公共服务设施等的合理空间组织问题。知识经济与创新经济的发展并不简单地等同于知识要素与创新要素的堆积，更重要的是这些要素在地理空间集聚的同时，通过相互之间紧密的互动关系重构区域的社会经济结构（图5-15）。

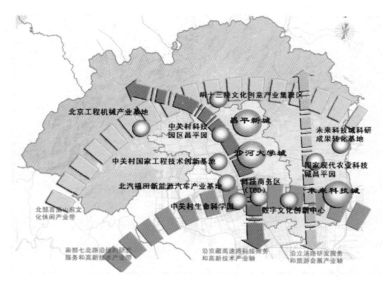

图 5-15　昌平产业布局与空间结构多中心板块化发展示意图
[资料来源：北京市规划委员会昌平分局．昌平新城规划（2005-2020 年）]

从空间形式上看，昌平的这些功能板块在北京的地位与美国边缘城市在美国大都市区的地位大体类似，未来可争取成为边缘城市的北京范例。边缘城市是美国华盛顿邮报记者 Joel Garreau 于 1991 年在他的《Edge City》一书中首先提出来的，它是指在美国办公业郊区化背景下依靠市场机制形成的具备就业、购物、娱乐、居住等城市功能的新都市，它一般临近机场和高速公路，自然环境优美，建筑密度较低，基础设施完善，具有与现代信息化社会相适应的高效工作环境。Garreau 在全美 45 个都市地区认定了 123 个边缘城市和 78 个准边缘城市以及 5 个正在规划中的边缘城市。据统计，全美几乎每个大中城市周围都有一至数个边缘城市，全美 2/3 的写字楼都建在了边缘城市。Garreau 认为，边缘城市代表了美国城市的未来取向，是在新的社会经济形势下，一代美国人对未来工作、居住及生活方式作出的价值抉择。而且边缘城市结合了城市与乡村的优点，经济充满活力、环境优美、治安良好、社会服务设施完备，从而得出边缘城市是一种理想的城市形态的结论（图 5-16、图 5-17）。

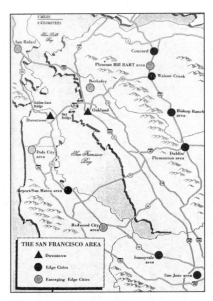

图 5-16　旧金山地区的边缘城市　　图 5-17　波士顿地区的边缘城市
（资料来源：Garreau J. Edge City：Life on the New Frontier[M]. New York: Doubleday, 1991）

　　根据以上思路，未来昌平空间结构应积极与中关村科技园的空间拓展相呼应，重点打造以重点功能区为核心、产城融合、区域协作的三大板块，即：①以未来科技城为核心的未来科技城板块。该板块是以未来科技城为中心，整合昌平东南区域资源，根据国家产业发展政策和科技发展规划，围绕促进我国产业结构优化升级和国有经济布局结构的战略性调整，将其建设成为具有世界一流水准、引领我国应用科技发展方向、代表我国相关产业应用研究技术最高水平的人才创新创业基地，使之成为中国乃至世界上创新人才最密集、创新活动最活跃、创新成果最丰富的区域之一。②以 TBD 为核心的 TBD 板块。该板块以科技商务区（TBD）为核心，以沙河镇和回龙观镇为支撑，辐射生命科学园、沙河大学城、北汽福田等特色产业功能区。其发展目标是构建以现代城市服务为支撑，以科技商务、科教研发、高端制造产业为主导的区域综合性产业板块。③以昌平科技园和创新基地为核心的昌平新城板块。该板块是以昌平科技园和创新基地为核心，依托昌平老城，联动新城东区、马池口镇和周边特色产业功能区，发展目标是京北新能源和生物医药高科技产业创新基地。

　　昌平区的三大板块功能各异、相互协同，将与北京 CBD 和中关村科学城（CID）一道共同成为支撑北京世界城市建设的三大重要支撑。昌平三大创新型产业板块之间及与北京其他重要区域的空间关系如图 5-18 所示，即：以 TBD 为核心的 TBD 板块主要承担创新创业服务支撑功能，不仅服务昌平区的另外两个板块，同时也包括海淀北部、中关村科学城、中关村科技园其他区域乃至京津冀地区；以未来科技城为核心的未来科技城板块主要承接中关村科学城的理论研究成果，接受 TBD 的创新服务，加强国际合作，成为我国应用技术的策源地，为全国其他区域产业聚集区提供技术支持；以昌平科技园和创新基地为核心的昌平新城板块主要承接中关村科学城的理论研究成果，接受 TBD 的创新服务，加强国际合作，成为我国相关领域应用研究的重要载体，为全国同领域产业基地提供技术支持。

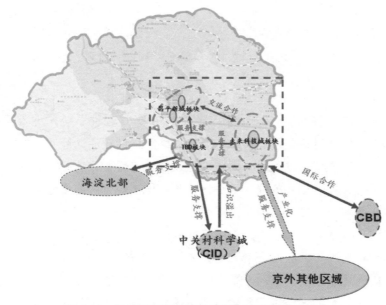

图 5-18　昌平区创新型产业布局与空间结构示意图

5.3　创新推动型区域的城市规划

5.3.1　创新推动阶段的城市规划转型

　　在投资推动阶段，城市的大规模高速度发展在很大程度上得益于通过城市规划构建的一个较为完善的"城市增长支持系统"，那么在创新推动阶段的城市若想得到高效益、高质量的发展就有待于通过城市规划打造一个全方位的"城市创新支持系统"。前者以促进经济增长和吸纳各种外部要素尤其是外来资本为目标，后者以促进自主创新、吸纳和培育各种创新要素为目标①（图5-19）。为此，中国当前的城市规划应积极推动如下转型。

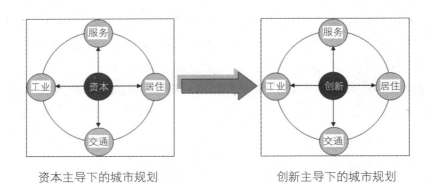

资本主导下的城市规划   创新主导下的城市规划

图 5-19 　从资本主导向创新主导的城市规划

1. 政策化

"城市创新支持系统"可以分为两部分，一部分是硬件系统，主要指保证创新活动得以开展的物质基础；另一部分是软件系统，是创新活动能够持续进行的软环境支撑要素。通过投资推动阶段的大规模建设，城市基础设施相对成熟，创新的硬件系统基本具备，营造创新的软环境是这一阶段城市规划的重要任务之一，即通过一系列公共政策对个体或集体的行为进行引导和规范，营造舒适、健康、安全、文明、公正的城市生活环境和以人为本的空间秩序，以此激发各创新主体的创新能力和集聚各种创新资源。相应地，随着物质性规划比重的降低和公共政策内容的强化，城市规划的属性将逐渐由"技术性规划"向"政策性规划"转变。

当西方发达国家的城市进入创新推动阶段后，城市规划越来越成为一种协作和协调的手段，规划师更多的是将其作为政策过程来协调社会矛盾、政治矛盾和经济矛盾②。西方规划学界的主流理论像倡导式规划、新自由主义规划观、城市管治思想等从不同侧面揭示了城市规划的政策性。我国最新的《城市规划编制办法》也明确指出了城市规划是政府调控城市空间资源、指导城乡发展与建设、维护社会公平、保障公共安全和公众利益的重要公共政策之一。

《深圳市城市总体规划（2007 – 2020 年）》是深圳在城市转型期作出的重大规划，该规划中明确深圳的城市性质是：创新型综合经济特区。从整体结构和主体内容来看，该规划已经明显不同于传统的城市总体规划，突出了城市总体规划的公共政策属性，全面构建了指引深圳创新型城市发展的政策框架。

① 代明. 着力打造城市创新支持系统[J]. 特区经济，2007（2）：12-16.
② 弗里德曼. 重温规划理论[J]. 国外城市规划，2005（5）：41-46.

2. 综合化

在投资导向阶段，城市规划的目的是构建"城市增长支持系统"，重点是构建完善的基础设施，此时城市规划的一个重要特征是通过专业化来提高城市规划和建设效率，规划的"条条化"和"部门化"特征非常显著。创新型城市是涵盖技术创新、知识创新、制度创新、服务创新、文化创新、创新环境等全社会创新的一个综合创新体系，创新的综合性特征必然要求城市规划的综合性。

进入创新推动阶段，发达国家的城市规划从专业性的物质规划逐步向着综合化方向发展。规划师的队伍构成也日益多元化，英国皇家城市规划协会会长宣称：将来至少有三种类型的专业人员都把自己称作为"城市规划师"，即具有各种专长的空间规划师、社会规划师和管理规划师。在这一阶段，新加坡通过机构调整强化了城市规划的综合性，以市区重建局（URA）统领新加坡的城市规划，打造综合化的规划平台以推动综合创新体系的建设。同样，韩国2002年也通过合并规划法和规划机构，形成了高度综合统一的规划体系。

近几年深圳城市规划的综合化也具有显著进展，这表现在三个方面：一是在规划的内容上，深圳2007年版总体规划已实现从过去对物质规划的片面强调转变到对城市经济、社会、生态环境、政治等的全面重视；二是在参与规划人员构成上，也相应地由建筑师和工程师为主体转变到经济学、社会学、生态环境、管理学、政治学等多学科的专家共同参与；三是在机构设置上，2007年年初深圳市规划局与发改局共同被确定为深圳市政府的"龙头局"，为城市规划的进一步综合化和发挥统筹作用奠定了制度保证。

3. 公众化

在创新推动阶段，城市规划在注重机会公平的同时，也要关注"结果公平"，要更强调弱势群体的利益，从而减少创新的风险成本，构建一个社会公平、"自由创新"的环境。而实现社会公平的一个重要途径就是公众参与。西方早期的城市规划师认为普通民众由于受专业知识制约并且见识短浅，不具备参与城市规划工作的能力，而规划师就能代表公众的整体利益与长远利益，表现出明显的精英主义思想。1970年代以后，随着对社会公正的强调和重视，"公众参与"成为西方现代城市规划发展的一个重要潮流，倡导式规划、联络式规划和公众参与的阶梯等就是这一时期的重要成果。

1998年深圳颁布了《深圳城市规划条例》，确立了公众参与城市规划的制度。近几年通过城市规划编制的意见征询制度、规划成果的公示制度、规划委员会制度、顾问规划师制度等一系列方式拓宽公众参与的渠道，逐步建立起健全、良好的公众参与机制。在2007年版总体规划的制定过程中和2008年进行的"落马洲河套地区未来土地用途公众咨询"中，进一步将公众参与发展到全方位、全过程的参与，正逐步实现从"公众参与"到"共同决策"的转变。

5.3.2　社会资本视角下的科技园区规划

在空间与社会发展的关系上，"空间环境决定论"与"空间失语"长期并存发展。一方面，地理学和建筑学以研究空间环境为己任，一直强调空间与环境的重要性，甚至将其片面夸大，认为空间环境对社会发展具有决定性的影响。城市美化运动就是其典型，它试图将城市的规整化和形象设计作为提高社会秩序及道德水平的主要途径。《雅典宪章》也带有深刻的空间环境决定论的痕迹。另一方面，在社会科学领域，空间的社会意义在 20 世纪以前并未受到学术界的广泛重视。即使在马克思眼里，空间也仅仅被看作诸如生产场所或市场，仅仅看到空间的自然属性，忽视了空间的社会特质及其在社会建构中的作用，由此形成了历史决定论下的空间失语，因而限制了这些学科相关理论的解释力和解决现实问题的有效性。进入 20 世纪以后，"空间环境决定论"和"空间失语"都经受了广泛的批判，各个学科重新反思和构建空间与社会发展的内在关系，而且基本达成了共识，即：空间是人类社会存在的基本形式，人类活动塑造了空间，同时也深受空间的作用和制约，也即是"我们在受制约中创造了制约我们的空间"[①]。

同样，空间对社会资本的积累也具有重要的影响和制约，其内在机制在于空间与社会交往的密切关系。正如经济资本存在于银行账户中、人力资本存在于人们的大脑中一样，社会资本也有自己存在的载体，这个载体就是通过社会成员的交往与互动形成的社会网络[②]。因此，交往与互动是社会资本形成与增值的核心环节，关系、信任、互惠等社会资本的几个关键词都与交往和互动密切相关。个体交往与互动越多，他们越可能共享情感，越可能参与集体行动。而交往与互动总是在特定的空间中进行的，尽管在互联网社会虚拟空间不可或缺，但由于占据人类知识绝大多数的缄默知识（Tacit-Knowledge）的传递更多还得依赖于社会成员的面对面交流来实现，因此实体空间深刻地影响着人们的交往和互动。环境心理学和环境行为学中有关空间环境与心理和行为关系的研究成果为这一影响机制提供了坚实的理论支撑。其他学科对此也有大量精辟的论述，如社会学家涂尔干（E.Durkheim）在《宗教生活的基本形式》里提出："社会关系是空间组织的模型和翻版"，齐美尔（G.Simmel）在《社会学——关于社会化形式的研究》中提出社会行动与空间特质之间存在着交织关系。丹麦建筑师扬·盖尔的《交往与空间》更是详细论述了空间特质与社会交往之间的密切关系以及规划对策。

---

① 郑国. 公共政策的空间性与城市空间政策体系[J]. 城市规划，2009（1）：18-21.

② Portes A. Social Capital: its Origins and Applications in Modern Sociology[J]. Annual Review of Sociology, 1998(1):1-24.

空间环境对社会资本的重要影响还可以通过美国郊区化这一反例来说明。美国政治学家普特南（R.Putnam）1995 年在《民主学刊》发表一篇题为"独自打保龄：美国社会资本的衰落"的文章，敏锐地指出 1990 年代美国公共活动和社团参与人数整体萎缩，打保龄球的人次虽在增加，但参加球队的人数却剧减，人们宁愿独自打保龄球。于是，普特南用"Bowling Alone"这个词来概括美国社会的这一变化，认为这意味着美国社会资本的衰落。美国规划界对此进行了深刻的反思，学者们广泛认为，是低密度郊区化和以私人汽车为主导的生活方式导致美国人际交往机会减少，公共活动、邻里生活、社区文化枯萎，进而导致社会资本日趋衰落 ①。

1980 年代以来，以计算机和信息技术为代表的第三次世界科技革命迅速发展，全球科技日新月异，科学技术在经济社会发展中的作用日益显著。受硅谷成就的鼓舞，科技园区在促进科技成果产业化、加速科技创新、发展高新技术产业方面的作用受到世界各国的高度重视，我国也先后设立了 88 个国家级高新技术产业开发区。作为我国自主创新的核心区，科技园区肩负着增强民族自主创新能力、建设创新型国家和提高国际竞争力的重任。我国的城市规划工作者高度重视科技园区规划，本着"立足国内，面向世界，创造一流"的基本原则，在参照我国城市规划理念和标准的同时，广泛学习借鉴国外科技园区规划理念和方法，在园区基础设施、生态环境、景观形象、用地布局等方面作出了一系列的创新，为保障我国科技园区的发展作出了重要贡献。但是，与此同时，也留下了一些问题：

一是重生态环境而轻社会环境。规划师普遍认为良好的生态环境可以激发科技工作者的创造灵感进而促进创新的形成，同时走出国门的规划师发现西方尤其是美国的科技园区有着我们难以比拟的生态环境，因而在我国的科技园区规划中过度强调生态环境，甚至认为这是科技园区规划区别于其他功能区规划的本质所在，大绿地、低容积率、低密度、低限高则是其实现手段。由此带来的不仅仅是土地利用效率不高，更重要的是由于空间分割导致园区内企业孤立、创新主体交流与互动机会较少、园区凝聚力和认同感普遍较差，企业和人才的嵌入性强而根植性弱，创新的社会环境和社会氛围较差。

二是重生产轻社会服务。在很长一段时间里，我国在许多领域都具有"重生产、轻服务"、"先生产、后生活"的观念，在科技园区规划建设中也是如此：居住用地和公共服务设施用地比重相对较小，配套服务设施建设长期滞后，职住分离严重，园区人气长时间难以形成，一些园区甚至被妖魔化为"鬼城"。

三是重"道"而轻"街"。"道"主要为城市提供交通通道，"街"是以承载生

---

① Freeman L. The Effects of Sprawl on Neighborhood Social Ties: An Explanatory Analysis [J]. Journal of the American Planning Association, 2001(1):69-77.

活功能为主的空间，"街"与"道"缺一不可。我国的科技园区大多位于城市边缘区或郊区，公共交通配套不足，园区从业人员通勤主要依靠私人汽车和企业班车。在科技园区道路交通规划中因此重"道"而轻"街"，过分强调道路宽度和通行效率，而对慢行系统重视不够。园区适应了汽车的尺度而忽略了人的尺度，街道失去了生活的场景而只有交通的功能（图5-20）。

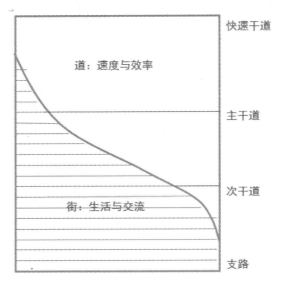

快速干道

道：速度与效率

主干道

次干道

街：生活与交流

支路

图 5-20 "道"与"街"的异同

哈耶克（F. Hayek）在"知识在社会中的利用"（the use of knowledge in society）一文中提到"目前许多关于经济理论和经济政策的争论，都源于对社会问题本质的误解"，科技园区规划也是如此。作为一个创新的空间，科技园区规划的终极目标应当是为创新营造良好的空间环境。但有一个问题始终困扰着我们：空间规划如何提升园区的创新环境？本文将从社会资本的视角来回答这一问题。

我国的城市规划是在学习西方规划的基础上亦步亦趋地发展起来的[①]，科技园区规划也是如此。前一轮的科技园区规划在很大程度上受西方（特别是美国）1990年代以前的规划理念影响，其核心是低密度郊区化，具体表现为小汽车导向、土地分割、功能单一。受此影响，我国科技园区规划中普遍绿地率较高、容积率和建筑密度较低、土地功能单一、重道而轻街，进一步导致园区创新主体之间的交流和互动非常有限，社会资本较弱，创新能力不强。

新城市主义正是应对美国郊区化、城市蔓延和社会资本衰落而于1990年代出

---

① 吴志强.《百年西方城市规划理论史纲》导论[J]. 城市规划汇刊，2000（2）：9-18.

现的城市规划理念。它主张社区功能和人口多样化、倡导公共交通和步行、注重公共空间和公共服务设施，同时它也强调通过空间环境的重塑来促进社会交往，提升社区精神。因此，我们应充分吸收与借鉴新城市主义的这些基本原则，同时结合我国科技园区的实际对其进行取舍与发展。具体而言，需要重点做好以下四个方面的工作：

一是提高科技园区土地开发强度，提倡紧凑布局。新城市主义认为，要成为有活力的社区，足够的人口密度是基本前提。对科技园区而言，要促进园区内创新主体之间的交流和互动，必须提高园区密度，打破空间分割和隔离，缩短企业之间的空间距离。这就需要适当提高园区容积率和紧凑度，缩小街区尺度，以分散适用的小绿地取代大而无用的大草坪，为园区创新主体之间的交流和互动奠定空间基础。

二是倡导公交出行，营造舒适宜人的步行系统。公共交通和步行对促进社会交往非常重要，为了减少私人汽车出行，首先要大力发展连接市区与园区的快速公共交通，并以公共交通站点为起点，设计步行景观轴，使办公、商贸、休闲、游憩、交通等各种功能相互串联，强化步行空间的连续性和步行过程的愉悦性。有条件的园区尽可能规划建设地下交通环廊，连通各主要建筑物地下停车场，实现"道""街"分置，地面以"街"为主。

三是促进功能复合，实现土地的混合使用。首先要平衡生产和生活的关系，适当增加园区居住用地，具体比重可根据园区规模和园区区位而定，以此促进职住平衡，促进科技园区从单纯的工作区域向综合型的创新型社区发展。其二是要扩大产业用地的兼容性。随着第二和第三产业的相互融合发展，科技园区产业用地的排他性越来越弱，兼容性越来越强。扩大产业用地的兼容性，可进一步增强园区规划的弹性、灵活性和可操作性，也可进一步促进园区土地的混合利用。

四是积极构建第三生活空间体系。相对于第一生活空间（居住空间）和第二生活空间（工作空间）而言，公共交流空间是第三生活空间。创新主体之间面对面的交流、社会关系和网络的建立很大比重是在第三生活空间完成的，它不仅对科技园区社会资本积累至关重要，而且由于它促进缄默知识的传递进而直接促进创新。随着社会进步和生活质量的提高，人们在第一生活空间和第二生活空间逗留的时间会减少，第三生活空间的重要性愈发显著。因此，要积极构建"人性"、"美感"、"安全"、"舒适"、"有情趣"的商业、娱乐、餐饮、游憩、休闲等第三生活空间体系，这一点也正是我国科技园区规划建设长期严重滞后之处。

从某种意义上讲，我国科技园区过去出现的一些问题不是由于缺乏规划，而是不恰当的规划理念导致了这些问题的出现。通过以上论述，我们也可以清楚地梳理出空间、社会资本和创新之间的相互关系及其内在逻辑（图 5-21）。社会资本视角下科技园区规划的核心在于通过为园区创新主体的互动和交流营造良好的空间环境，提升园区社会资本，进而促进园区创新能力的提升。随着我国城市发展动力由投资推动转向创新推动，城市规划的主要作用也会相应地由构建完善的增长支持系统向打造全方位的创新支持系统演进，社会资本也因而必将成为中国未来城市规划的一个关键词。

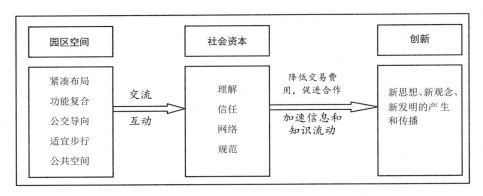

图 5-21　空间规划、社会资本与创新关系